The Uninhabitable Earth
Life After Warming

地球に住めなくなる日

「気候崩壊」の避けられない真実

David Wallace-Wells
デイビッド・ウォレス・ウェルズ
藤井留美＝訳

NHK出版

ブックデザイン
鈴木成一デザイン室

リサとロッカ、父と母に

地球に住めなくなる日 「気候崩壊」の避けられない真実　目次

・本文中の書名のうち、邦訳のあるものは邦題を表記し、邦訳がないものは原題と訳を列記した。
・本文、原注とも、書籍からの引用はすべて訳者の翻訳による。
・本文中の※をつけた番号は原注を表わす。原注は以下のサイトに掲載
https://www.nhk-book.co.jp/detail/000000818132020.html

第1部

気候崩壊の連鎖が起きている

第1章

いま何が起きているのか

気候変動の実態は思った以上に深刻だ。進行はゆっくりだとか、実際のところ変動なんて起きていないとか言われているが、どれも不安をごまかすために無理やり思いこんでいるだけだ。そんな思いこみはほかにもある。

・地球温暖化はしょせん遠い北極の話にすぎない。
・地球温暖化といっても、海面が上昇して海岸線が消えるだけのこと。住むところがなくなるとか、奇形が発生するなんて考えすぎ。
・地球温暖化で危機になるのは「自然界」だけ。人間は関係ない。
・自然と人間はまったくの別物。現代の私たちは自然界より一段上の存在だから、自然の変化に巻きこまれたり、圧倒されたりすることはない。
・地球温暖化には、経済で対抗できる。
・経済成長を続けるためには、石油や石炭などの化石燃料を燃やすのもしかたない。

・技術の進歩が、環境崩壊からの脱出を可能にするだろう。
・人類は長い歴史のなかで、規模も範囲も似たような脅威をすでに克服してきた。だから恐れることはない。

どれも事実ではないのだが、とりあえず変化のスピードから考えよう。地球上では、過去に大量絶滅が5度起きていて[※1]、そのたびに動物の顔ぶれが完全に入れかわり、進化がリセットされた。大きく枝を広げていた系統発生樹が枯れて倒れていったのだ。オルドビス紀末（4億5000万年前）には、すべての種の86パーセントが絶滅した。続いてデボン紀末（3億8000万年前）に75パーセント、ペルム紀末（2億5100万年前）には96パーセント、三畳紀末（2億100万年前）に80パーセント、そして白亜紀末（6600万年前）には75パーセントが姿を消した[※2]。原因は小惑星だったと学校で習った人も多いだろう。実は、その恐竜の絶滅は例外だが、それ以外のすべての絶滅には、温室効果ガスが引きおこした気候変動が関わっていたのだ[※3]。二酸化炭素による温暖化がとくにひどかったのは2億5200万年前の三畳紀で、地球の気温は5℃も上昇した[※4]。強力な温室効果ガスであるメタンが放出されて温暖化に拍車がかかり、ほんのひと握りの生き物を残してみんな死んでしまった。私たちはいま、大量絶滅のときの少なくとも10倍の勢いで[※5]二酸化炭素を出している。産業革命以前にくらべると100倍だ[※6]。すでに大気中の二酸化炭素は、過去80万年[※7]、いや1500万年で最も高いレベルになっている[※8]。1500万年前というとま

だ人類は存在せず、海面水位は30メートル以上高かった。[※9]

産業革命の開始から積みあがってきた道徳的・経済的なツケを、何百年もあとで自分たちが払わされている――多くの人は地球温暖化をそうとらえている。だが化石燃料を燃やして大気中に放出された二酸化炭素は、この30年に発生したものが半分以上を占める。[※10] つまり地球の運命を揺るがし、人間の生命と文明の維持をあやうくさせているのは過去のどの時代でもなく、アメリカ元副大統領アル・ゴアが気候変動に関する最初の本を出版したあとの、いま生きている私たちのしわざということだ。１９９２年、国連は気候変動枠組条約を採択して、温室効果ガスの影響を明白な科学的事実として世界に突きつけた。それなのに私たちは、良くないこととわかったうえで、何も知らなかったころと同じように環境破壊を続けている。

わずか75年で破滅寸前となった地球

地球温暖化は、18世紀のイギリスが石炭を燃やしまくったせいで、孫や子の代に累《るい》がおよんだ話だと思われるかもしれない。だがそれは、自分たちを無罪放免にするために歴史を悪用しているだけだ。化石燃料の燃焼の半分以上は、１９８９年以降に起きている。１９４５年まで時計の針を戻せば、その割合は約85パーセントになる。[※11] 赤ん坊が生まれ、成人し、世を去るぐらいの年月で、安定状態にあった地球が、破滅の瀬戸際まで追いやられたのである。

それはまだ記憶に新しい年月だ。私の父は１９３８年生まれで、真珠湾攻撃のニュース映画と、産業奨励の国策映画をおぼろげに覚えていると話していた。そのころの気候は、まだ安定していた。木や石炭、石油を燃やすと発生する炭素が温室効果をもたらし、地球の均衡を崩すことは、19世紀はじめからわかっていたものの、[※12]具体的な影響は解明されていなかった。温暖化は遠い未来にしか起こらない、つまり起こるはずのない暗黒の予言だった。

父が世を去ったのは2016年。アメリカがパリ協定を批准した数週間後のことだ。このとき地球の気候は荒廃に向かいはじめていた。産業界の仏頂面《ぶっちょうづら》にもひるまずに、研究者が「これ以上はダメ」と釘《くぎ》を刺してきた限界――大気中の二酸化炭素濃度400ppm――もとうとう超えてしまう。[※13]勢いは止まらず、わずか2年後には月平均411ppmになった。[※14]二酸化炭素とともに罪の意識が大気を満たすが、私たちは見ないふりをした。

そこには母の生涯も重なる。1945年にドイツ系ユダヤ人として生まれ、親戚たちを灰にした焼却炉行きをかろうじてまぬがれた。73歳の現在は消費天国アメリカの暮らしを満喫している。発展途上諸国もまた、人の一生ほどの年月で世界の中流階級にはいあがり、化石燃料の恩恵で電気、乗用車、空の旅、ステーキ肉を手に入れ、あこがれの消費生活を実現させている。母は58年間フィルターなしのタバコを吸っていて、いまは中国からカートンで取りよせている。

この年月は、気候変動について最初に警告を発した科学者たちの一生でもある。いまも現役がいるのは驚きだが、それだけ事態の進行が速かったということだろう。なかにはエクソン社の資金提供を受けて研究していた者もいる。そのエクソン社は、温暖化への対応が定まらず、化石燃料からの転換を妨害して、今世紀末までに地球の一部を居住不可能にする危険を生みだしたと批判され、たくさんの訴訟を抱えている。

私たちは、2100年までに平均気温が4℃以上上昇する未来に向かって突進中だ。[※15] そうなるとアフリカ大陸、オーストラリアとアメリカ、南米のパタゴニアより北、アジアのシベリアより南は、高温と砂漠化、洪水で住めなくなるという予測もある。[※16] これ以外の地域も含めて、生活環境が厳しくなることはまちがいない。それが未来の基本路線だ。たった一世代で気候崩壊が起きようとしているのだから、次の世代でそれを食いとめなくては。次の世代——それは私たちである。

10億人が貧困にあえぐ世界

私は環境保護主義者ではないし、いわゆる「ネイチャー系」でもない。生まれてからずっと都会暮らしで、大量生産品を疑うこともなく使ってきた。キャンプはしたことがないし、したいとも思わない。川や空気を汚さないのは良いことだけれど、経済成長と自然保護が両立しないという考えはうなずけるし、私ならまず成長を選ぶだろう。ハンバーガーを食べるために自分で牛を殺そうとは思わないが、かといってヴィーガンになるほどでもない。食物連鎖の頂点であることを恥じる必要はないと思っている。人間とほかの動物で扱いを変えるのは当たり前のこと。白人男性以外は一段低く見られていた時代はまだそれほど昔ではないのに、チンパンジーやサルやタコに人並みの権利を認めて守ろうとするなんて、女性や肌の色が異なる人びとにあまりに失礼だろう。

つまり私は、気候変動に無頓着《むとんちゃく》で、あえて現実から目をそらしている多くの――全員とは言わないが――アメリカ人のひとりなのだ。だが気候変動は、地球が直面するかつてない脅威だ。規模も中身もけたはずれで、人類全体の存続が関わっている。

私は数年前から、気候変動にまつわる話を集めている。悲痛で恐ろしい話もあれば、冒険物語ばりのエピソードもある。北極圏にある研究センターが、氷の融解で孤立してしまい、科学者とホッキョクグマがとりのこされた。[17]ロシアでは、永久凍土が融けてトナカイの死骸《しがい》が露出し、長い眠りからさめた炭疽菌《たんそきん》に感染した少年が死亡した。[18]最初は新しい趣向のおとぎ話にも思えたが、もちろん気候変動はつくり話ではない。

２０１１年に始まったシリア内戦では、約１００万人の難民がヨーロッパに流入したが、[19]それも遠因は気候変動と旱魃《かんばつ》である。大量の難民はパニックを引きおこし、「ポピュリズム旋風」が欧米に吹きあれるきっかけをつくった。バングラデシュで大洪水が起きれば、難民の数はその10倍ではきかないだろう。[20]受けいれる国々も気候の激変に翻弄《ほんろう》され、余裕はないはずだ。サハラ以南のアフリカ、ラテンアメリカ、南アジアからも難民が発生し、２０５０年には1億４０００万人を超えると世界銀行は予測する。[21]ヨーロッパで起きた「シリア危機」のざっと１００倍以上だ。[22]国連の予測はさらに厳しく、[23]気候変動に起因する難民は２０５０年までに2億人になるという。

ローマ帝国最盛期の世界の総人口に相当する数[※24]が住む家を失い、敵意を向けられながら新天地を求めてさまよう。「貧困にあえぐ10億人以上が、戦うか逃げるかの選択を迫られる[※25]」と国連は最悪のシナリオを描く。10億人以上……産業革命の真っ最中だった1820年当時の世界の人口だ。歴史とは、時間軸の上を粛々《しゅくしゅく》と進みながら、人口が風船のようにふくらむことなのかもしれない。人間の数が膨張して、ついには地球を埋めつくすのだ。そのせいで歴史の進みかたは速くなり、この一世代で二酸化炭素の排出も加速した。あらゆる場所で、毎日あまりに多くのことが起きている。人間の数が多いと、そうなるのも当然だ。人類誕生からの歴史のなかで、いま生きている人の経験（人口×生きた時間）は全体の約15パーセントになるという[※26]。それぞれが地球を動き回るたびに、二酸化炭素の足跡（カーボンフットプリント）を残していく。

先に紹介した難民の予測は、大義や改革を世間に訴えるために研究機関が発表した最大値だ。実際はもっと少ないだろうし、最新の予測も億ではなく数千万人程度で落ちついている。だが予測の最大値だからといって、安心してはいけない。最悪のシナリオを見すごすと、起こりうる事態まで軽く考えてしまい、備えがおろそかになる。最大予測は可能性の上限であり、それより下はいつ起きてもおかしくない。気候変動の懸念は半世紀前から指摘されていて、楽観的な意見がことごとくはずれたことを考えると、むしろ最悪のシナリオこそ指針とすべきではないだろうか。

第2章　隠されてきた「最悪のシナリオ」

気候変動の話を集めてきた私のファイルは、厚くなるいっぽうだ。にもかかわらず、権威ある科学専門誌に発表された最新研究を含め、気候変動に関する話題は、アメリカのテレビや新聞でとりあげられることが少ない。もちろん報道はされるし、警鐘も鳴らされる。では実際の影響はどうかとなると、決まって海面上昇の話で、しかもどこか他人事だ。京都議定書が採択された1997年のころには、地球の気温上昇が2℃を超えると深刻な事態になると考えられていた。大都市が洪水に見舞われ、旱魃と熱波、それにハリケーンやモンスーンなど、以前は「自然災害」だったものが、日常茶飯事の「悪天候」になる。マーシャル諸島の外相はそれを「ジェノサイド（大量虐殺）」と呼んだ。[※1]

もはやこのシナリオを避けることはできない。京都議定書から20年以上たっても、目標は実質的に何ひとつ達成できていない。法整備やグリーンエネルギーの導入が進み、各種活動もさかんになっているが、二酸化炭素の排出量はむしろ増えている。2016年、パリ協定は平均気温の上昇幅を2℃までと定めた。新聞各紙で見るかぎりは、それは各国が責任を持って防がねばならない恐怖のシナリオだ。しかしそれから数年たち、目標に着々と近づいている先進国は皆無である。いつのまにか2℃目標は望ましいシナリオにすりかわり、それ以上に気温が上昇する忌まわしい可能性[※2]は巧みに世間から隠されている。

気候変動について語る人たちは、なぜかそうした真の恐怖からも、それを手前で回避する機会を逃した事実からも目をそらす。その理由は感情面も含めてたくさんありすぎる。平均気温の上昇が2℃を超えた世界で何が起きるのか。それを論じないのは良識か、あるいは恐怖か。声高に恐怖をあおる者への嫌悪、テクノロジーを信奉しているからか。それに科学の話は専門用語と数字だらけで、敬遠したくなる気持ちは理解できる。

私たちは変化の勢いに気づくのが遅く、エリート層やその組織のやることを信じてきた。あるいは、温暖化はアル・ゴアが環境問題を訴えるドキュメンタリー映画〈不都合な真実〉ぐらいから出てきた新しい話で、そんな短期間に事態が悪化するはずがないと高をくくっているのだろう。自動車に乗り、牛肉を食べる暮らしは変えたくない。あるいは「脱工業化」の概念が浸透するあまり、いまだって化石燃料を燃やす生産活動に支えられていることを忘れているのか。私たちは悪い話をいつのまにか「ふつう」に薄めてしまうのが異常なほどうまい。窓の外を眺めていつもと変わりなければ、まだ大丈夫と思いこむ。似たような話を繰りかえし書いたり読んだりするのもうんざりだろう。気候は地球全体の問題だから、政治家の対応もいまひとつ本気度が足りない。温暖化が日々の生活を破壊する威力を、ほんとうには理解できていないのだ。自分勝手と言われようが、よその国の人間や、これから生まれる世代のことはどうでもいい。目的論的な歴史観に染まりすぎていて、人類の進歩は環境を守る方向にいずれは向かうという考えをすんなり受けいれてしまう。

ゼロサムで資源を奪いあう世界では、勝者はもともと有利だし、豊かな国に生まれた幸運もあるから、なんだかんだいっても自分たちは勝者であることに変わりはない。いまの仕事や業界のことで頭がいっぱいで、将来のことまで案じていられない。ロボットに仕事を奪われないか気にかかるし、新しいスマホを使いこなすのに忙しい。文化も政治もなにかというと世紀末みたいに騒ぎたてるくせに、全体像をとらえるときは楽観的な方向にバイアスがかかる。というより、気候は万華鏡《まんげきょう》のように様相を変えるので、環境崩壊への予感もすぐに収まって、いま起きている気候のひずみを把握できないのだ。そもそも私たちは科学のことになると、どうしても及び腰になる。それは昔からだし、これからも変わらない。

気温が2℃上昇すると何が起きるか

この本では温暖化を科学的に論じるのではなく、温暖化が私たちの暮らしにどんな意味を持つのか考えていく。とはいえ科学の言い分も気になるところだ。温暖化研究が複雑なのは、二つの不確定要素が底流にあるからだ。ひとつは温室効果ガスの排出に代表される人間の行動。もうひとつはそれに対する気候の反応だ。どちらも複雑で、ときに対立しながら影響しあい、さらに変化を起こす。そんな不確定性が影を落とすが、それでも恐ろしいほど明白な結論が引きだされる。国連の気候変動に関する政府間パネル（ＩＰＣＣ）は、地球の現状と、気候変動の今後を評価するための物差しを定めている。議論の余地がない確かな研究結果だけを採用しているため、おとなしめな物差しではあるが。次の報告は２０２２年の予定だが、現時点で最新の報告は、パリ協定で決定しておきながらいまだ実現していない対応をただちに実行しないと、今世紀末までに平均気温は約３・２℃上昇すると警告している。[※3] 工業化が始まってから、いままでに上昇した気温の実に3倍だ。氷床《ひょうしょう》の融解が現実になり、それも目前に迫った問題となる。[※4] マイアミやダッカだけでなく、上海や香港など世界の１００都市が水に浸かるだろう。[※5] いくつかの研究によると、その分かれ目は上昇幅２℃だと指摘されている。[※6] ただし二酸化炭素の増加をただちに止めることができたとしても、今世紀末には平均気温が２℃は高くなる見こみだ。

気候予測の多くは西暦２１００年をひと区切りにしているが、気候変動の猛威はもちろんその後も続く。そのため次の１００年を「地獄の世紀」と呼ぶ研究者もいる。[※7] 気候の変化は、私たちが認識し、了解するよりずっと速く進み、私たちが想像するよりずっと長く続くのである。

地球温暖化の話では、大昔の地球との比較がよく出てくる。以前にも地球の気候が温暖だった時代があって、そのとき海面はこれぐらいの高さだったといったぐあいだ。それは偶然ではない。地球の気温が高かったから、海面水位も高かったのだ。複雑な気候システムを理解し、気温が２℃、４℃、あるいは６℃上昇したときの被害を正確に把握するには、地質を調べるのが最適だ。地球の地質時代を探る最近の研究は、いまの気象モデルは2100年までの温暖化を半分程度に過小評価しているかもしれないと示唆する。[※8] つまり気温上昇がIPCC予測のおよそ2倍になりうるということだ。そうなるとパリ協定の排出目標をすべて達成しても、上昇幅は4℃になる。サハラに残る緑も、熱帯林も灼熱のサバンナに変貌するだろう。[※9] 二酸化炭素の排出を大幅に削減しても気温が4～5℃は上がるとなると、地球全体が生命の住めなくなる星になりかねない。研究者はそれを「ホットハウス・アース」と呼ぶ。[※10]

1℃や2℃、4～5℃という数字は小さいため、それほど大差はないと思われがちだし、これまでの人類の経験や記憶から適切なたとえを見つけるのも難しい。これが世界大戦の勃発やガンの再発であれば、たった1回でも避けたいのが本音だろうが。

地球の気温が2℃上昇すると、いったいどういうことになるのか。

・地表部を覆う氷床の消失が始まる。[※11]
・4億人が水不足に見舞われる。[※12]
・赤道帯に位置する大都市は居住に適さなくなる。
・北半球でも夏の熱波で数千人単位の死者が出る。
・インドでは熱波の発生率が32倍になり、[※13] 居座る期間も5倍に伸びて、影響を受ける人の数が93倍に増える。

これでも「最良の」シナリオなのだ。
では上昇幅が3℃だとどうなる？

・南ヨーロッパでは旱魃が慢性化し、中央アメリカ、カリブ海では旱魃がそれぞれ平均1年7か月、1年9か月も続く。アフリカ北部にいたっては5年だ。
・森林火災で焼失する面積は地中海で2倍、アメリカで6倍以上になる。

4℃では？

・デング熱感染者がラテンアメリカだけで800万人になる。[※14]
・地球規模の食料危機が毎年起きる。
・酷暑関連の死者が全体の9パーセント以上を占めるようになる。[※15]
・河川の氾濫被害がインドで20倍、バングラデシュで30倍、イギリスで60倍に増える。
・複数の気象災害が1か所で同時発生することが増え、損害は世界全体で600兆ドルに達する――いま世界に存在する富の2倍以上だ。紛争や戦争も倍増するだろう。

世界の100都市が浸水

2100年までの平均気温上昇を2℃未満に抑えることができたとしても、大気中には500ppm、あるいはそれ以上の二酸化炭素が存在したままだ。1600万年前の地球もそうだった。平均気温は2℃どころか、5～8℃も高かった。[※16] 海面水位はいまより40メートル高く、アメリカ東部の海岸線は州間高速道路95号線まで後退していた。こうした変化には何千年という時間がかかるものもあり、しかも元に戻ることはない。気候変動は逆転できるといいのだが、あいにくそれは不可能だ。人類がどうこうできる規模ではない。

気候変動が、理論家ティモシー・モートンの言う「ハイパーオブジェクト」[※17] であることもそのあたりが関係している。ハイパーオブジェクトとは、インターネットのようにその全貌を的確にとらえることがけっしてできない壮大かつ複雑な概念だ。気候変動には、規模や範囲、威力など数多くの特徴があり、それらが合わさって、より高度で不可解な概念カテゴリーを形成していく。なかでも強力な特徴は時間だろう。最悪の結果が訪れるのははるか先の未来なので、私たちはつい割りびいて考えがちだ。

そして最悪の結果のほうも、私たちをあざむき、現実感を薄めようとする。約1世紀前に始まった環境ドラマは、土地の利用法を変え、化石燃料を燃やしながらゆっくりと進行していたが、この数十年で急展開になってきた。それでも最終回を迎えるのは何千年も先だ。ひょっとするともう人類は姿を消していて、温暖化が世に送りだした別の生き物が、いまとはちがう環境でドラマを演じているかもしれない。私たちは、気候変動はせいぜい今世紀中だけの話だと都合よく認識をすりかえてきた。このまま二酸化炭素の排出増加が止まらなければ、２１００年には地球の平均気温は少なくとも3℃、おそらくは約4℃以上上昇すると国連は警鐘を鳴らす。[※18] パリ協定で上昇幅は2℃までと定めたはずなのに、2倍以上になる。

科学史家ナオミ・オレスケスは、いま採用されている気候モデルは不確定要素が多すぎて、予測をうのみにできないと指摘する。[※19] ゲルノット・ワグナーとマーティン・ワイツマンの共著『気候変動クライシス』（東洋経済新報社）は、気温上昇幅が6℃を超える確率は11パーセントとはじきだしている。[※20] ノーベル賞を受賞した経済学者ウィリアム・ノードハウスは近著のなかで、経済成長が予測を上回れば、温室効果ガスの排出も順調に増えて、国連が提示する「何も手を打たなかった場合」の最悪のシナリオを超えると予測した。[※21] 具体的には5℃かそれ以上の気温上昇ということだ。

無策のまま温室効果ガスの排出増加が止まらなければ、今世紀末に気温は8℃上昇する——これが国連が示す確率曲線の上限だ。[※22] 赤道帯と熱帯では、外を出歩くと生命の危険がある。[※23]

だが気温がいまより8℃も高い世界では、もはや暑さは大した問題ではなくなる。なぜなら海面水位が60メートルも上昇して、[※24] 世界の大都市の3分の2が水に浸かり、[※25] 効率的に食料生産できる農地がわずかになってしまうからだ。[※26] 森林は火災で焼失し、沿岸部はハリケーンに翻弄される。熱帯病が北上して、いま北極圏と呼ばれるところも飲みこむだろう。[※27] 地球のおよそ3分の1は暑くて住めなくなる。耐えられるかどうかは別として、深刻な旱魃や熱波は日常の一部になるだろう。

とはいえ、8℃もの気温上昇はさすがにないだろう。最近の研究では、地球の気候は私たちが思うより温室効果ガスの影響を受けず、[※28]たとえ何も手を打たなくても上昇幅は最大5℃、実際には4℃ぐらいでおさまると予測している。だが5℃でもかなりの数字だし、4℃だって安心はできない。世界は慢性的な食料不足に陥り、[※29]アルプスはアトラス山脈並みに乾燥する。

そんなシナリオと、いまの世界のあいだに横たわるもの――それは私たちがどう反応するかという問いかけだ。さらなる気温上昇の一部は、地球が温室効果ガスに遅れて応答する過程のせいで、すでに織り込み済みだ。今後の気温上昇曲線が2℃でおさまるのか、それとも8℃までいってしまうのかは、私たちの選択にかかっている。4℃の上昇を食いとめるには、方向転換するしかない。この本ではそのやりかたを示していこうと思う。

地球はとても大きく、環境も多様だ。高い適応能力を持つ人類は、どんな脅威も乗りこえていくだろう。温暖化の影響はもうすぐ無視も否定もできなくなるが、それでも地球に住めなくなるとは考えにくい。ただ二酸化炭素の排出に手をこまねいたまま、過去30年間と同じ調子であと30年工業活動を続けていけば、今世紀末にはいまと同じ生活は不可能になる。

生物学者E・O・ウィルソンが著書で「ハーフアース」という概念を提唱したのは2016年のこと。[※30]気候変動の圧力に人類が適応するために、地球の半分を人が住めない保護区にして自然の回復をうながすというものだ。実際には半分よりはるかに少ないだろうが、それでもやらない選択はない。書名『ハーフアース――生きのこるための地球の戦い（Half-Earth: Our Planet's Fight for Life）』にあるように、これは戦いだ。時間の尺度を長くすればするほど、未来は暗くなる。人類が黄昏《たそがれ》を迎えるころには、生命をはぐくむ地球にも暗い影が差しているだろう。

近い将来にかぎれば、選択をいくつも誤ったうえに不運が重ならないかぎり、そこまで深刻にはならない。しかし悪夢の結末をシナリオに書きこんでしまった事実は、人類の文化と歴史に対する責任として重くのしかかる。私たちがそうであるように、未来の歴史学者はいまの時代を振りかえって、過去の世代にもっと先見の明があればと残念がるのだ。温暖化の阻止や、その悪影響の回避に全力を注いだとしても、見えてくるのは荒廃した悲惨な生活だ。私たちの子どもや孫がそんな生活にあえぐ姿が、はっきり想像できる。いや、私たち自身もその一端を実感しはじめているはずだ。

第3章　気候崩壊はすでに進んでいる

どれだけのことが、どんな速さで起きているのか。現実を受けとめるのは難しい。2017年夏、大西洋上で発生した3個の大型ハリケーンが、まるで軍隊のように同じ進路をとった。[※1] ハリケーン・ハービーの襲来を受けたテキサス州ヒューストンは、地域によっては「50万年に一度」と言われる記録的雨量になった。[※2]

環境関連の報道にふだんから接している人は、50万年に一度という表現に意味はないことを知っている。それでも、地球温暖化が引きおこす自然災害が、祖父母世代さえ記憶にない、すさまじさであることは伝わるだろう。これが500年に一度であれば、ローマ帝国の歴史で1回起きる程度だとわかる。アメリカで言うと、500年前はまだイギリスの清教徒たちは大西洋を渡っていない。彼らが新天地に集落を築き、革命で独立を勝ちとり、その子孫が奴隷を使って綿の一大産地を築き、南北戦争を戦い、工業化と脱工業化をくぐりぬけながら二度の世界大戦を経て、冷戦で勝利し、「歴史の終わり」が来たかと思うと、たった10年でイデオロギー対立が復活する……。これらすべてが起きているあいだに、たった一度だけ降る大雨ということだ。ハリケーン・

ハービー級の暴風雨がヒューストンに上陸したのは、2015年以来三度あった。[※3] それでも場所によっては被害が甚大だったため、表現が「50万年に一度」と格上げされた。

同じ年には、大西洋上で発生したハリケーンがアイルランドも直撃した。[※4] 南アジアでは4500万人が家を失い、[※5] カリフォルニア州では予想外の大規模な山火事で広大な面積が灰になった。気候変動は、「ありがちな自然災害」という新しい分類を生みだした。何世紀も語りつがれるような重大な災害がいつのまにか日常となって、見すごされ、忘れられてしまうのだ。たとえば2016年、メリーランド州エリコットシティという小さな町が「1000年に一度」の洪水に見舞われたが、[※6] 2年後にはふたたび洪水で壊滅的な被害を受けている。

2018年夏には、わずか1週間のあいだに世界各地が記録的な熱波にやられた。[※7] コロラド州デンバーからバーモント州バーリントン、カナダのオンタリオ州オタワ、グラスゴーからシャノン、ベルファスト、ジョージア（旧グルジア）の首都トビリシからアルメニアの首都エレバン、ロシア南部全域である。その前月にはオマーンのある町の日中の気温が49℃を記録し、夜になっても42℃より下がらなかった。カナダのケベック州では熱波で54人が死亡している。[※8] アメリカ西部では100か所で大きな山火事が発生、[※9] カリフォルニア州では1日で16平方キロメートルに広がった。[※10] コロラド州では炎が高さ90メートルまで噴きあがって一帯を飲みこみ、「ファイヤー・ツナミ」という呼び名ができた。[※11]

地球の反対側の日本では、2018年7月の西日本豪雨で120万人に避難勧告が出された。[※12]

9月に発生した台風22号では、中国本土で245万人が避難している。[13] 同じ週、アメリカのノースカロライナ州とサウスカロライナ州を襲ったハリケーン・フローレンスで、港町ウィルミントンは一時孤立状態になり、[14] 浸水で町じゅうに堆肥《たいひ》と石炭灰が流れこんだ。[15] このハリケーンの影響で、各地で竜巻も発生した。[16] 8月、インドのケララ州では100年ぶりという大洪水が起きた。[17] 10月に太平洋で発生したハリケーンは、ハワイ諸島の小島であるイースト島を消滅させた。[18] 11月、例年なら雨季が始まるカリフォルニアでは史上最悪の山火事、通称キャンプ・ファイヤーがチコ郊外の1000平方キロメートルを焼きつくし、その名もパラダイスという町では死者数十名、行方不明者多数を出す惨事となった。[19] 同じころ、ロサンゼルス近郊でも通称ウールジー・ファイヤーが発生し、17万人が緊急避難している。

これだけ自然災害が頻発して、以前から予測されていたことが現実になってくると、気候変動はもう起きていると思わざるをえない。すべてが変わって新しい時代に突入したのだ。カリフォルニア州で山火事が猛威をふるっていたとき、ジェリー・ブラウン知事が言ったように「これが新しい正常」なのだ。[20]

正常の終焉

だが現実はもっと厳しい。いうなればこれは正常の終焉だ。正常に戻ることはけっしてない。不確定かつ無計画な進化の賭けのなかで、ヒトが順調に進歩できる環境はもう過去のものだ。文化や文明をはぐくんできた気候システムは死んでしまった。地球を何度となく痛めつけることここ数年の気象状態は、未来の予告編というより、これまでに起きていた気候変動の産物だ。昔の気候がいくらよかったとしても、懐かしむことしかできない。「自然災害」という概念も消えて、もっと深刻なものになる。いや、もうすでになっている。仮に二酸化炭素の増加をただちに止めることができたとしても、すでに出した分が作用して温暖化は続く。もちろん実際にはゼロにするどころか、排出量は逆に増えつづけている。気候変動を食いとめるどころではない。いま起きている惨禍《さんか》は、温暖化とそれがもたらす気候崩壊の「最良すぎる」シナリオなのだ。

これは次の平衡状態に達したのではなく、海賊船から突きだした板の上を、一歩前に進んだだけだ。気候変動が「ほんとうに」起きているのかという不毛の議論のせいで、その影響まで「ある」「なし」のどちらかだと誤解している人があまりに多い。しかし地球温暖化は「起こる」「起こらない」の話でもないし、「今日の天気がずっと続く」でも「明日地球が破滅する」でもない。温室効果ガスを出しつづけるかぎり、悪いほうへと落ちていく作用なのだ。しかもそのなかで生活するということは、安定したひとつの生態系から、劣悪な別の生態系に移行するということ。気温の上昇が1℃なのか1・5℃なのか、おそらく2℃以上は確実だと思われる状況では、温暖化の影響は大きく広がり、積みあがっていくばかりだろう。ここ数年の気象災害は、地球が限界を迎えていることの表われにも思える。その先にあるのは、私たちが足を踏みいれたとたん、もろくも崩れる新世界だ。

大規模な自然災害が起きるたびに、その原因が議論される——人間が地球に悪いことをしたから、しっぺ返しを食らったのだという構図だ。巨大ハリケーンが穏やかな海で発生する仕組みを解明したいと思う者にとっては、そうした問いかけは意味があるかもしれない。このハリケーンの威力の40パーセントは地球温暖化に由来するとか、17世紀だったらこの旱魃は半分程度だったとか……。しかし対策を考えるうえでは、こうした議論から有意義な洞察は得られない。世界各地で起きているハリケーン、熱波、飢饉《ききん》、戦争は、地球温暖化が引きおこした犯罪ではない。温暖化は個々の犯罪の犯人ではなく、いってみればその裏にいる黒幕だ。私たちは、自ら引きおこした変化もひっくるめた気候のなかで生きている。コロンブス以前のカリブ海で起きていたハリケーンの5倍の強さだとしても、気候変動のどこがどう作用したか論じるのは重箱の隅をつつくようなものだ。気候システムを私たちが壊したから、ハリケーンが生まれる数が増えるし、強くもなる。森林火災も同じこと。直接の出火原因はバーベキューの火の不始末だったり、送電線の発火だったりするが、季節を選ばず発生してすぐに燃えひろがり、大規模でかつ長期にわたるのは温暖化のせいだ。気候変動は限られた場所ではなく、あらゆるところにいっせいに出現し、人間の手で阻止しないとぜったいに止まらない。

人間が関与する新しい地質時代という意味で、「人新世《じんしんせい》」という名称は一般に浸透しつつあるが、そこには自然の征服という含みもある。人間が自然を破壊したという指摘（実際そのとおりなのだが）をのんきに受けとめてもかまわないが、少なくとも自然破壊を誘発した可能性は肝に銘じたほうがいい。最初は無知ゆえに、のちには見ないふりをして気候システムをいじったあげく、こちらが破滅するまで気候とせめぎあうはめになった。「地球温暖化」という言葉を世に広めた海洋学者ウォーレス・スミス・ブロッカーが、地球を「怒れるけだもの」と表現したのはそういう意味だ。[※21]「戦争兵器」と呼んでもいいだろう。その威力を日々増強しているのは、ほかならぬ私たちである。

第4章　グローバルな気候崩壊の連鎖

気候変動が牙《きば》をむいたら、攻撃は単発では終わらない。猛威が連鎖し、破壊が滝のように連続し、地球は何度も痛めつけられる。暴力はしだいに強さを増して、私たちはなすすべを失い、長いあいだ当たり前だと思っていた風景が一変する。住宅や道路を建設し、子どもたちを育てて社会に送りだす――安全と信じて暮らしを営んできた基盤がくつがえるのだ。自然に手を加えてつくりあげてきた世界が、自然から私たちを守るのではなく、自然と共謀して私たちを陥れようとする。

カリフォルニアの山火事を見てみよう。２０１８年3月、カリフォルニア州サンタバーバラ郡は、モンテシト、ゴリータ、サンタバーバラ、サマーランド、それに前年12月の山火事で最大の被害を受けたカーピンテリアに避難命令を出した。サンタバーバラ郡が自然災害関連で避難を命じたのは、3か月で4回目だ。[※1] ただし山火事での命令は初めてで、最初の3回は泥流の危険が高まったためだった。カリフォルニアでもとびきり高級で華やかな住宅地は、恐怖のどん底に突きおとされる。セレブが趣味に興じるぶどう畑や馬小屋、美しい砂浜、豊富な資金で整備された公立学校が泥流に埋まった。地域の暮らしが完全に破壊された様子は、ミャンマーから国境を越えて逃れたバングラデシュで、モンスーンの被害にあったロヒンギャの難民キャンプのようだった。[※2]死者は10名以上で、泥流に押しながされた幼児の遺体は、何キロメートルも離れた海辺で発見された。[※3]学校は閉鎖され、ハイウェイも冠水する。緊急車両も入ることができず、町は陸の孤島となり、完全にお手あげ状態になった。

気候崩壊の連鎖反応は地球レベルで起こるだろう。その規模はあまりに大きく、手品のように目にもとまらぬ速さで進む。地球が温暖化すると北極の氷が融ける。氷が減ると太陽光線が反射されずにそのまま吸収されるため、温暖化が加速する。海水温が上がれば、海水の二酸化炭素吸収量が減って、温暖化はさらに進む。気温が上がって北極圏の永久凍土が融けると、内部に閉じこめられていた1兆8000億トンもの二酸化炭素が放出される。[※4]いま大気中に存在する二酸化炭素の2倍以上だ。一部はメタンとして蒸発する可能性もある。メタンの温室効果は二酸化炭素の34倍。[※5]これは100年の長期で比較した数字で、20年間では実に86倍になる。

暑さは植物にも悪影響をおよぼし、樹木の立ち枯れが起きる。ひとつの国が丸ごと入るほどのジャングルが縮小し、何キロメートルも続く森林が、そこに息づく民俗文化とともに消えていく。樹木が減れば、二酸化炭素を吸収して酸素を放出する仕組みも機能しなくなり、ますます気温が上昇し、樹木が立ち枯れするという悪循環だ。気温が上がれば山火事も増え、樹木による二酸化炭素の吸収も減って、地球はますます暑くなる。気温の上昇は水の蒸発をうながすが、水蒸気もまた温室効果ガスのひとつなのだ。海水温が上がると熱を吸収できなくなり、酸素濃度が落ちる。そうなると、森と同じように二酸化炭素を食べて酸素を出してくれる植物プランクトンは生きていけない。こうして二酸化炭素はどんどん積みあがり、地球はますます暑くなっていく。

こうした「フィードバック」はほかにもたくさんある。[※6] 複雑で、ときに相反する作用がフィードバックもないことはないが、加速するほうがずっと多い。気候変動を減速させるフィードバックしあうことで、どの影響が拡大し、どの効果が弱まるのかまだわかっていない。将来に備えた計画を立てようにも、不確定の黒い雲に覆われてしまうのだ。非現実的であるとはいえ、気候変動の最善のシナリオは想像しやすい。なぜなら、いまの生活とほとんど変わらないから。しかし悪いほうの予想が当たったときのことは、まだ誰も考えていない。

「気候カースト」

気候崩壊の連鎖は、地域のコミュニティにも打撃を与える。たとえば雪崩《なだれ》。スイスでは、雪が積もったところに大雨が降る「レイン・オン・スノー」現象によって、かつてない種類の雪崩が発生している。カリフォルニア州のオーロビル・ダムで発生した越水や、2013年に起きた50億ドル近い被害を出したカナダ、アルバータ州の洪水もレイン・オン・スノーによるものだ。[※7]

気候崩壊の連鎖はこれだけではない。水不足や凶作が生みだす気候難民が周辺に押しよせると、資源の奪いあいになる。海面の上昇で塩水に浸かった農地は黒ずんだ湿地と化し、もう耕作はできない。発電所が浸水すれば、地域に不可欠な電力が断たれる。化学工場や原子力発電所が機能停止すれば、有害物質が漏れだすかもしれない。カリフォルニアで起きた山火事キャンプ・ファイヤーでは、避難民のテント村が大雨で水びたしになった。サンタバーバラ郡の場合は、日照りでからからに乾ききったところに、モンスーンのような豪雨で樹木が成長した。しかし火災で森林は焼失、山腹は丸裸になって、植物が保持していた土壌も流出した。切りたった沿岸部に雲が集まり、雨を降らせるようになった。

泥流でなぜこれほど犠牲者が出るのか、疑問に思われるかもしれない。その答えはハリケーンや竜巻と同じだ。人間のせいかどうかはともかく、環境が凶器と化したのである。暴風災害にしても、風それ自体が生命を奪うわけではない。強風で根こそぎ倒れた樹木が棍棒《こんぼう》となり、風にあおられる電線がムチや首吊り綱になる。倒壊する住宅は人間を押しつぶし、自動車は巨大な石のように転がる。食料や医療品が不足し、道路が途絶して緊急車両も通れず、電話線も携帯電話の中継局も使えない。病人や高齢者は支援もないまま、黙って耐えるしかない。

だが、けたはずれに裕福で、スパニッシュ・ミッション様式の邸宅が並ぶサンタバーバラは世界のなかでは少数派だ。気候変動の鉄槌《てっつい》は、対策もとれなければ復興もおぼつかない町にも振りおろされるだろう。それが「環境正義」という問題だ。身も蓋もない言いかたをすれば、「気候カースト」である。どんなに豊かな国でも、貧しい人たちが暮らすのは湿地や沼地、氾濫原などで、社会基盤の整備も進んでいない場所だ。まさに環境アパルトヘイトである。たとえばテキサス州では、50万人の貧しいラテン系住民が「コロニアス」と呼ばれる地区に住んでいる[※8]。そこは下水道がないため、浸水になるとお手あげだ。

世界に目を転じると、この格差はさらに広がる。この先、暑くなるいっぽうの地球で被害をこうむるのは貧しい国々だし、暑くなるのもそうした低GDP国だ[※9]（オーストラリアは例外だが）。ただし、いままでさんざん大気を汚してきたのは、地球の北側である。これは気候変動の歴史的皮肉のひとつだが、苦難をこうむる側からすれば暴虐《ぼうぎゃく》と呼んでもいいくらいだ。ただ、持たざる側に過剰に負担が行くとはいえ、気候崩壊の影響を発展途上諸国にだけ隔離することはできない。北半球はひそかにそれを望むだろうが、気候崩壊は北も南も差別しないのである。

国際的な機関や人為的な手段で気候を管理したり、制御できるという考えもあるが、おめでたいにもほどがある。地球は世界政府的なものがないところで何千年も続いてきたし、人類が登場したあともほとんどの時代はそれでがんばってきた。部族、封土、王国、国家をつくっては競争に明け暮れていた人類は、悲惨な世界大戦を経て、国際連盟、国際連合、欧州連合といった平和的な協力体制をようやく整えはじめ、世界市場の整備にまで乗りだした。欠点はいろいろあるにせよ、全体のパイを大きくしていけるというネオリベラルな価値を掲げたのだ。国境を越えた協力体制にとって最大の脅威は、地球全体を圧倒的な威力で揺さぶる気候変動だろう。にもかかわらず、私たちはそうした体制を解体する方向に動いている。ナショナリズムの殻に閉じこもり、共同責任から離脱しようとしているのだ。いまの世界は、信頼の崩壊も連鎖している。

脊椎動物の半分以上が絶滅

世界はこの先いったいどうなるのか。世界の変容を私たちはどう受けとめるのか。環境保護運動が自然を特別扱いして崇めてきたせいなのか、私たちも自然の衰退をどこか別世界で起きていることだと感じている。自然が失われる悲劇はどこか美しく、イソップ物語などの寓話《ぐうわ》を読んでいるような遠い感覚を抱いている。

だが気候崩壊はもうすぐ現実となる。秋になって木々の葉がオレンジや赤に染まるさまは、古今の画家が苦心を重ねてカンバスに写しとってきた。だがハイウェイをどこまで走っても、目に飛びこむ街路樹はくすんだ茶色ばかり。[※10] 南米の農園では、コーヒーはもう実をつけない。[※11] 高床式の海辺の家は、いくら柱を伸ばしても水が迫ってくる。世界自然保護基金のデータによると、この40年間で世界の脊椎動物の半分以上が絶滅したという。[※12] ドイツの自然保護区の調査では、飛翔昆虫の数は25年間で75パーセント減少した。[※13] 花から花へ飛び回っては、花粉を媒介する昆虫も減っている。[※14] 東海岸を北上していたタラの群れが姿を消して、[※15] 漁民の暮らしが成りたたない。真っ黒なアメリカグマは冬眠をやめ、冬じゅう活動するようになった。[※16] 気候変動によって動物の新たな接触が生まれ、ハイイログマとホッキョクグマ、コヨーテとオオカミの交雑が起きている。[※17] 既存の動物園も動物図鑑も、もう時代遅れなのだ。

こうなると、おとぎ話も書きかえが必要になる。海底に沈んだアトランティス伝説を地で行く事態が、マーシャル諸島やマイアミビーチで起きている。どちらも水没してシュノーケリングの名所になるかもしれない。北極に氷のない夏が増えると、サンタクロースも居場所がない。地中海が干上がったら、オデュッセイアの放浪の旅に思いを馳《は》せるのも難しい。[※18] サハラ砂漠から吹きこむ土ぼこりが陽光をさえぎり、ギリシャの島々のあの輝きは失われる。[※19] ナイル川から水がなくなったら、巨大ピラミッドも色あせることだろう。[※20] リオ・グランデが乾いた川底だけになったら、もうリオ・サンドだ[※21]——すでにそう呼ばれているが。欧米は500年ものあいだ熱帯病を他人事のように眺めていたが、マラリアやデング熱を媒介する蚊《か》は、コペンハーゲンやシカゴでも飛ぶようになるだろう。

自然にまつわる話をただの寓意で片づけていると、気候変動の脅威を読みとれないかもしれない。だが作物の収穫高、伝染病、移民や内戦、犯罪の増加、家庭内暴力、ハリケーンと熱波、集中豪雨、大規模旱魃、経済成長の動向——気候変動はこれらすべてに関連し、私たちを包囲し、支配している。世界銀行は、二酸化炭素の排出が現状のままであれば、南アジアで2050年までに8億人の生活状況が悪化すると予測している。[※22] 歴史学者アンドレアス・マルムの言う化石資本主義[※23]、つまり化石燃料を燃やしたエネルギーを、人口増加に比して食料生産は増えないマルサスの罠に上乗せしながら、たかだか数世紀ほど維持してきた繁栄は、幻想にすぎなかったのだ。歴史はかならず物質的な豊かさをもたらすなんてただの思いこみであり、その思いこみが私たちの内面まで暴君のように支配してきた。そのことに気づかなくてはならない。

気候変動に適応することを、一種の取引のように考える人も多い。だがこの取引は有利に働かないことが数十年もすればわかるだろう。アメリカのように温帯に位置する国は、地球の平均気温が1℃上昇するごとに、GDPの1パーセントに相当するコストがのしかかる。[※24]上昇幅が1・5℃ですめば、2℃の場合にくらべて世界は20兆ドル豊かになるという予測もあるほどだ。[※25]ダイヤルを回してさらに1℃、2℃と上昇させていったら、コストはふくれあがる――環境崩壊の複利計算だ。3・7℃では551兆ドルにもなるという。[※26]世界に存在するすべての富の2倍近い。[※27]いまの調子で二酸化炭素の排出を続ければ、2100年には気温は4℃以上上がる。それにGDPの1パーセントを掛け算すると、ここ40年は世界全体で5パーセントに達していない経済成長がほぼ帳消しになる。[※28]これを「定常経済」と呼ぶ研究者も一部にいるが、[※29]そうなったら経済は航路標識の役割を失い、「成長」は合言葉ではなくなり、あらゆる野望は消えうせる。何千年も循環を繰りかえしてきた歴史だが、ここ数世紀にかぎっては、歴史は前進するという信念が根づいていた。「定常経済」という言葉には、それが否定される恐怖がにじんでいる。さらに政治から貿易、戦争にいたるすべてのことが、情け無用のゼロサム競争になる未来まで透けて見えるのだ。

2℃上昇で死者が1億5000万人増加

私たちにとって自然は、自らを投影し、観察する鏡だった。では倫理面はどうなのか。地球温暖化からは何も学べない。なぜなら教訓を考察する時間も距離もないからだ。私たちは温暖化を話として語るだけでなく、そのまっただなかを生きている。あえて言うなら、それは途方もない脅威だということ。どれぐらい途方もないか。２０１８年、ドリュー・シンデルらが専門誌ネイチャー・クライメート・チェンジに発表した研究は、温暖化が１・５℃か２℃かで、被害がどう変わるか計算している。それによると、わずか０・５℃のちがいで、大気汚染による死者が１億５０００万人以上増えるという。[※30]同じ年、国連の気候変動に関する政府間パネル（ＩＰＣＣ）が発表した試算では、その数は数億人に増えた。[※31]

数が大きすぎてピンとこないが、１億５０００万人というとホロコースト25回に相当する。毛沢東が推進した大躍進政策は戦争以外で最大の死者を出したが、その数のさらに3倍以上だ。歴史上最も多くの犠牲者を生んだ第二次世界大戦と比較しても、2倍以上である。これを食いとめるには、温暖化を１・５℃までに抑えるしかない。すでに数字は累積しつつあって、大気汚染だけで少なくとも年間７００万人が死亡している。[※32]このホロコーストは、いったいどんな旗印のもとで毎年遂行されているのか。

気候変動が「存在を揺るがす危機」と呼ばれるのは、そういうことだろう。ホロコースト25回分の死者と被害が最善のシナリオで、人類滅亡の瀬戸際が最悪のシナリオ。私たちは二つの極端なシナリオのあいだで、行き当たりばったりにドラマを演じている。せりふ回しを工夫しても効果はない。都合の良い面だけを見るお気楽な文化では、事実だけをあっさり伝えるようにしないと、大げさだと敬遠される。

事実があまりに異常で、極端なシナリオのあいだで展開されるこのドラマはどこまでも壮大だ

──壮大すぎていまの人類だけでなく、未来まで抱えこんでいる。地球温暖化は、人間の文明の物語を二つの世代に圧縮してみせた。最初の世代は、地球を改造して、自分たちのものにするプロジェクトに励んだ。そこで排出された毒は、何千年も不変だった氷にしみこみ、肉眼で変化がわかるほど融かしていく。人類の歴史が始まって以来、ずっと安定していた環境も壊れてきた。それが第一世代のやったことだ。

第二世代がとりくむのは、人類の未来を守り、荒廃を未然に防いで別の道を切りひらくプロジェクトだ。この試みに前例はなく、神話も神学も頼りにできない。あえて念頭に置くとすれば、最後は相討ちしかないという冷戦時の認識か。

温暖化に関して神さま気どりになれる者はまずいない。むしろ問題の大きさに圧倒されて受け身になる──これも陥りやすい錯覚だ。民話でもマンガでも、教会でも映画館でも、地球の運命が揺らぐ物語では、見る者に受け身の姿勢をうながす。気候変動の脅威も同じと思われるだろう。冷戦末期には、核の冬への恐怖が大衆文化や人びとの心理に影を落としていた。対抗心に燃える二人の指導者と、神経をとがらせながら自己破滅のボタンの上で手を泳がせている者たちが、人類という実験に終止符を打つのか。

だが気候変動の脅威は、冷戦よりもっとドラマチックだ。登場人物が全員責任を負い、恐怖に震えるという意味で、民主的でもある。そのいっぽう、私たちはその脅威を細切れにしてわかりにくくしたり、ほかの問題とすりかえたり、未来のいちばん殺伐《さつばつ》とした部分を無視したり、政治は変わらないと嘆き、技術に過度の期待をかけたりしている。誰かがタダでなんとかしてくれるという、消費者特有の幻想に安住しているのだ。危機感を持つ者だって大差なく、楽観主義と表裏一体の運命論を信じている。

自然環境のリズムが顕著に乱れはじめた数年前から、懐疑派は気候変動など起きていないと主張しはじめた。異常気象を否定するものではないが、その原因ははっきりしない。いま起きている変化は、人間の経済活動や介入が原因ではなく、むしろ自然の循環というわけだ。だが地球全体の温暖化は猛烈な速度で進んでいる。それが人間の手に負えず、理解も超えている以上、心配になるのは当たり前だ。

地球温暖化はほかならぬ人間のしわざだ。でもそれを自覚したからといって、絶望する必要はない。背景にある仕組みは途方もなく大きくて複雑だし、実際私たちは痛い目にあっている。でも責任はこちらにあると認めれば、それが立ちあがる力になるはずだ。地球温暖化は、まちがいなく人間のせいだ。いま抱いている罪悪感は、受け身から抜けきれていない証拠だろう。けたはずれのハリケーン、かつてない規模の飢饉や熱波、難民や紛争の発生——どのシナリオも人間が用意したものであり、いまも続きを執筆中だ。

石油会社や、それと手を組む政治家など、シナリオづくりに熱心だった者はたしかにいる。ひと握りの悪者にすべてを押しつければ気持ちはおさまるが、責任が大きすぎて背負いきれるものではない。それに私たちだって、照明のスイッチを入れ、飛行機のチケットを買うたびに、あるいは投票をさぼるたびに、未来の自分たちに苦難を先おくりしている。次の場面のシナリオは、全員で書くしかない。環境崩壊に対処する方法はもう見つかっている。荒廃から脱却する方法、というより荒廃に向かうのを遅らせる方法も出てくるだろう。そうして次の世代にバトンを渡せば、彼らは自分たちの道を見つけて、地球環境の明るい未来へと進んでくれるはずだ。

第5章　未来は変えられる

地球温暖化について本を書きはじめたころ、楽観的な材料は何かないのかとよくたずねられた。だが実のところ、私は楽観的だ。今世紀末に平均気温が6℃、いや8℃まで上昇するという予測もあるが、[※1]そうなったら地球の大部分でいまのような生活はできなくなる。あらゆる苦難をくぐりぬけ、破滅的な戦争を行なった人類さえもかつて経験したことのない状況が、3℃～3・5℃の上昇でも出現する。しかし最悪の予測にくらべれば、はるかに良好なシナリオだ。それに大気中の二酸化炭素を回収したり、上空に微粒子を散布して地球を冷やすといった新しい解決策が登場して、地球は灼熱地獄にならず、暑くて困るぐらいですむかもしれない。

温暖化が進むいまの世界で、子どもを産むのは無責任ではないか。[※2]地球のためにも、子どもたちのためにもならないのでは？　そんな質問もされた。でもわが家では、この本の執筆中に娘のロッカが生まれている。その選択には、都合の良い錯覚というか、見ないふりがあったのはたしかだ。地球環境に恐怖の未来が訪れれば、わが子もまちがいなくそのあおりを受ける。温暖化はそれだけ全方位的な脅威ということだ。だが恐怖の未来は、まだ確定したシナリオではない。私たちの怠慢のせいで舞台にかけられようとしているが、行動を起こせば上演は阻止できる。

気候変動は、あと数十年もすれば深刻なことになる。それでもあきらめたり、屈したりすることが正しいとは思わない。戦わずして負けると決めつけて、無自覚な連中がもたらすみじめな未来を粛々と受けいれる前に、尊厳と繁栄が享受できる世界を実現するためにできることをやる。私たちはまだ負けていない――というより、人間が絶滅しないかぎり敗北はありえない。どんなに地球が暑くなり、困難が増えたとしても、それで人間が絶滅してしまうことはないはず。だから正直なところ、私は楽しみでさえある。ロッカやその兄弟姉妹たちは、その目で何を見て、どこに注目し、どんな行動をとるのか。ロッカが子どもを産む年齢になる2050年前後、世界の気候難民は数千万人になっているかもしれない。彼女が高齢者となる21世紀末ごろには、温暖化のあらゆる予測に答えが出ているはずだ。そのあいだ、世界は存在の危機と戦い、ロッカの世代の人間は未来をつくりながら、次の世代を送りだすだろう。前例のない壮大な物語を、ロッカはただ眺めるのではなく、自ら生きていく。物語がハッピーエンドになることを願ってやまない。

考えられる打開策

だが、希望の種はどこにある？　二酸化炭素は大気中に居座り、地上に忌まわしいフィードバックを投影して、温暖化という脅威をたえずちらつかせている。気候変動は過去の世代の不始末ではない。地球を片方の手で修理しながら、もういっぽうの手で壊しているのは私たちだ。環境保護活動家ポール・ホーケンは冷静に指摘する──画期的な解決策も大切だが、ひとりひとりが日常のなかで、少々ゆるいやりかたで地球破壊をやめることも可能だと。[※3] 産業界は化石燃料から完全に手を引く必要がある。それも２０４０年までに──科学者からそう言われるとおじけづいてしまうが、私たちがよほど怠惰で、狭量で、利己的でないかぎり、そのあいだにたくさんの打開策が出現するはずだ。

- イギリスで排出される温室効果ガスの半分は、非効率的な建設作業、食品や電化製品、衣料品の余剰と廃棄が原因だという。[※4]
- アメリカでは、エネルギーの３分の２が活用されていない。[※5]
- 化石燃料業界への助成金は、世界全体で年間５兆ドルに達するという国際通貨基金（ＩＭＦ）の報告もある。[※6]
- 気候問題へのとりくみが手ぬるいと、２０３０年までに26兆ドルの経済的損失が生じる。[※7]
- アメリカは食料の４分の１を廃棄しており、１食当たりのカーボンフットプリントを４倍に高めている。[※8]
- いま急速に広がっている仮想通貨ビットコインは、マイニングと呼ばれる「採掘」作業で消費する電力が、世界中の太陽光パネルが生みだす電力より多い。[※9]
- あるシンクタンクが２０１９年に推計したところ、インターネットポルノが生みだす二酸

化炭素はベルギーの総排出量に相当するという。[※10]

……こんなことを続けていいはずがない。

カナダの環境保護活動家スチュワート・パーカーの言う「気候無力主義」は、ただの錯覚にすぎない。いまから起きることは、例外なく私たちの責任だ。地球の未来を左右するのは、中国、インド、さらにはサハラ以南のアフリカといった発展途上諸国の成長曲線だが、それはすなわち人類の大半ということ。欧米だって知らんぷりはできない。平均的市民がふつうに生活して排出する温室効果ガスは、アジアより何倍も多い。食べ物を大量に捨てるし、リサイクルもろくにしない。エアコンはつけっぱなし、ビットコインは上げ相場のときに買いつける。どれもやらなくていいことだ。

だからといって、先進世界の人間が貧者と同じ生活をする必要もない。世界中で生産されるエネルギーの70パーセントは廃熱で失われているという。[※11] アメリカ人ひとり当たりのカーボンフットプリントをヨーロッパ並みに制限すれば、国全体の二酸化炭素排出量は半分以下になる。[※12] 世界の富裕層の上位10パーセントの人びともそれに従ったら、排出量は3分の1だ。[※13] なぜそれを実行してくれないのか。科学界からの報告が殺伐となってきた昨今、欧米のリベラルたちは罪の意識に予防線を張るためか、消費行動を自制してせめてもの慰めとしている。牛肉を食べるのを控え、電気自動車に乗り、飛行機の長距離移動を減らす。だが、個人がライフスタイルを見なおしたぐらいでは、環境への貢献は微々たるもの。やはり政治が大なたをふるう必要がある。「そうなってはいけない」ことがほんとうに理解できれば、不可能ではないはずだ。

このままいけば何が起きるか

人類滅亡は、温暖化の確率分布の長い裾野の先の可能性の低い末端であり、いくらでも回避できる。とはいえ、滅亡までのあいだも悲惨な状況が続くことになる。自らの手でだめにした世界、人類の可能性が急速に先細りする世界で生きるのがどういうことか、見当もつかない——政治や文化はどうなるのか、心の安定は保てるのか。歴史のとらえかた、自然との関係はどうなるのか。ひょっとすると、気候が劇的に変わったり、温室効果ガスの削減技術や、画期的な発電方法が見つかったりして、どんでん返しが起こるかもしれない。とはいえ、そのころすでに地球の先行きはかなり暗くなっているはずだ。

数世紀続いてきた欧米勝利主義にどっぷり浸かっている人にとって、文明は自然征服の物語だ。カビのように無軌道かつ無節操に増殖する、不安定な文化の移りかわりとは考えない。この地球上では、人間の行為などとてもはかない。地球温暖化をとらえるうえで、その認識はとても重要だ。勝利主義はようやく揺らぎはじめたところだ。もしひと世代前にその可能性に気づいていたならば、温暖化ですでにじりじりと焼かれている地域、すなわち中東にある種の虚無主義が芽ばえて、原理主義の暴力が勃発しても、冷静に受けとめることができただろうに。中東といえば、「文明のゆりかご」と呼ばれていた地域だ。ここから始まった虚無主義は全方位に波及し、出身者を通じて多くの文化で枝を伸ばしている。ヒトがヒトに進化できたのは、条件がそろった狭い窓を通った結果だ。[※14] その窓は進化だけでなく、私たちの記憶を歴史に、価値を進歩に、思索を政治に結実させた。その窓から遠く離れたところで生きるとは、どういうことなのか。本書ではそれを掘りさげていきたい。

この本は、衝撃の新事実を明かすことが目的ではない。ここで紹介する科学的な話は、専門家へのインタビューや、過去十数年に代表的な専門誌に発表された研究から選んだものだ。科学研究である以上、つねに更新されていくし、はずれる予測もある。それでも温暖化していく地球が、いまの生活をずっと続けていきたい私たちをどんな形で脅かすのか、わかっている範囲で偏りなく紹介している。

いわゆる「自然」そのものや、動物たちの運命については、美しく詩的に語る著作がすでにたくさんあるので、ここではあえてとりあげない。これまでは人間以外の生き物への影響ばかり強調されてきたが、それは純粋な犠牲者である動物たちに光を当てることで、人間が自らの責任や共犯関係を直視せずにすむからだ。

けれどもこの本では、一世代のあいだ連綿と続き、地球を人間であふれんばかりにした暮らしかたが、私たち自身にどんな損失を与えているかをあぶりだしていく。歴史が加速し、可能性を狭めているいま、地球温暖化が、医療、紛争、政治、食料生産、大衆文化、都市生活、精神衛生をどう変えていくのか。手痛いしっぺ返しは自然を通して連鎖反応のようにやってくるが、自然が受ける被害は全体像の一部にすぎない。これまでと同じ生活を続けていたら、私たちが思いえがくような「自然」は大半が失われる。もうそういう生活はやっていけない。問題はそこなのである。

第2部

気候変動による
さまざまな影響

第6章　頻発する殺人熱波

すべての哺乳類と同様、ヒトも熱機関だ。犬がたえず舌を出すように、熱を放出していないと生命を維持できない。空気は皮膚から熱を奪う冷媒の役目を果たすので、あまり温度が高くなっては困る。温暖化で平均気温が7℃上昇したら、赤道付近や熱帯では、湿度の高さもあいまって大変なことになる。[※1]身体の内側と外側から加熱された人体は、たった数時間で絶命するだろう。[※2]

平均気温が11～12℃上昇したら、世界の人口の半数以上は熱死する。[※3]二酸化炭素の排出増加に歯止めをかけないと、数百年後にはそうなるという予測モデルもある。上昇が5℃でも人間は生きられないという計算もある。[※4]気温が6℃高くなったら、ミシシッピ川下流域で夏季の屋外作業は不可能になるし、[※5]ロッキー山脈以東の住民は世界のどこよりも暑さに苦しむことになる。バーレーンは世界で最も暑いところで、「寝ているあいだに熱中症になる」と言われるほどだが、温暖化が進めば、ニューヨークはいまのバーレーンより気温が高くなる。[※6]

2100年までに平均気温が5～6℃上昇というのは、さすがに考えにくい。国連の気候変動に関する政府間パネル（IPCC）は、二酸化炭素の排出増加がこのまま続いた場合の上昇幅を

4℃と予測するが、[7] これでもかなりの影響が出るはずだ。アメリカ西部の山火事は16倍に増え、浸水する町は後を絶たない。インドから中東の人口数百万規模の大都市は、夏の外出が命がけになる。上昇が2℃程度でも同じことが起きると考えられる。最悪のシナリオでなくとも警戒は必要なのだ。

暑さを考えるときに重要なのが「湿球温度」だ。湿球温度計は、先端の丸い部分を水で濡らしたガーゼで覆ってある。地球上のほとんどの地域では、湿球温度計は26～27℃を示す。居住可能な上限は35℃で、それを超えると人は熱死する。「ヒートストレス」と呼ばれる高気温の悪影響は、思った以上に早く現われる。

実のところ、私たちはすでに危険域に入っている。1980年以降、強烈な熱波の発生は50倍になっており、今後さらに増えると思われる。[8] 1500年以降のヨーロッパで夏の気温が高かった年を調べると、上位5年はすべて2002年以降に集中している。[9] IPCCは世界の一部の地域について、夏の屋外活動は健康を損ねると警告した。[10] パリ協定の目標を達成できても、パキスタンのカラチ、インドのコルカタでは、数千人の犠牲者を出した2015年のような殺人熱波が毎年発生するだろう。[11] 2003年にヨーロッパを襲い、1日で2000人を殺した熱波[12]が当たり前になる。この年の熱波はヨーロッパの歴史でも例を見ない気象災害で、フランスだけで1万4000人、大陸全体で3万5000人が死亡した。[13] しかもウィリアム・ランゲウィーシェがヴァニティ・フェア誌に書いているように、介護施設や病院にいた人ではなく、比較的元気な高齢者が多く犠牲になった。暑さを逃れて家族がバカンスに出かけたあと、ひとりで残っていたような人たちである。なかには死んでから数週間そのままで遺体が腐乱し、帰宅した家族にようやく発見された例もあった。

将来はこれがもっとひどくなる。コロンビア大学のイーサン・コフェルの研究チームが2017年に発表した「何も手を打たなかった場合」のシナリオによると、過去の年最高気温を上回る日数が、2080年には100倍、ひょっとすると250倍に増えるという。[※14]ここでの日数とは「人日《にんにち》」で、影響を受ける人数も入っている。毎年、湿球温度で現在最も過酷な状態が1億5000万〜7億5000万人日になる――平たくいえば、死の熱波が世界を襲うということだ。そのうち1000万人日では、人間の生存能力を超える湿球温度に達するだろう。21世紀末には、南アメリカ、アフリカ、太平洋の熱帯地域でいちばん気温が低い月でも、20世紀末で最も暑かった月を上回ると世界銀行は予測する。[※15]

もちろん20世紀末にも激しい熱波は起きていた。1998年夏には、インドで2500人の死者が出た。[※16]その後は規模が大きくなるいっぽうで、2010年にロシアを襲った熱波は死者5万5000人、モスクワでは毎日700人が死んだ。[※17]2016年には中東に数か月も熱波が居座った。イラクの気温は5月に37・8℃、6月に43・3℃、7月には48・9℃に達し、夜になっても38℃を下回る程度だった（ウォール・ストリート・ジャーナル紙によると、イラク中部、ナジャフのシーア派指導者は、熱波はアメリカ軍の電磁波攻撃によるものと主張し、国内の一部の研究者もそれに同調したという)。[※18] ２０１８年には、パキスタン南東部で4月の過去最高気温が記録された。インドでは35℃超えの日が1日増えるごとに年間死亡率が０・７５パーセント上昇すると言われているが、２０１６年5月には48・9℃の日が連続した。サウジアラビアの夏はそれぐらいの気温になることが多いが、エアコンの電力需要をまかなうため1日70万バレルの石油を消費している。[※19]

電力消費全体に占めるエアコンや扇風機の割合はおよそ10パーセント。[※20] しかし２０５０年には、需要は3倍、4倍に増える。[※21] ２０３０年までにエアコンの数は世界で7億台増えるという予測もある。[※22] ２０５０年には、空調装置は世界中で90億台を超えるとも言われている。[※23] アラブ諸国のショッピングモールは空調が整っているが、酷暑の地域は貧しいところが多く、エアコンで冷やすのはおよそ経済的ではないし、むろん環境にもやさしくない。２０１５年に体感温度72・8℃を記録した中東およびペルシャ湾岸地域となると、どんな惨状になることか。毎年２００万人が集まるメッカ巡礼も、いまから数十年後には不可能になるだろう。[※24]

巡礼ができないぐらいならまだいい。エルサルバドルのサトウキビ栽培地帯では、住民の5分の1、男性だけだと4分の1が慢性的な腎臓病を抱えている。[※25] 収穫作業で脱水症状になるせいだ。つい20年前までは、そんな問題は皆無だった。極端な暑さは腎臓以外も痛めつける。6月中旬、私がこの文章を書いているカリフォルニアの自宅外の気温は49・4℃。だが記録的な暑さというわけでもない。

2040年までに気温が1・5℃上昇

人類がこれほどの知性を持つことができたのは、地球がほかの星とちがって、生命体をはぐくめる環境だったからだと言われる。生命を維持できるような気候の平衡状態は、いくつもの条件が重なった特異な結果なのだ。その絶妙な温度帯のなかで人類は進化し、今日のような知的な生活を実現した。しかし私たちは、そんな生活を永遠に捨てさろうとしている。

いったいどこまで暑くなるのか？　この問いに答えを出すのは科学かと思いきや、そうではない。もっと人間的なところ――つまり政治だ。気候変動は不確定な部分が多く、その脅威もたえず形を変える。地球の平均気温が2℃上昇するのはいつのこと？　3℃上がるのは？　私たちの子どもが大きくなり、その子どもや孫に地球を残す2030年、2050年、2100年までに海面はどこまで上昇する？　どの都市が水に浸かり、どこの森が枯れて、どの地方で作物がとれなくなる？　どれもはっきりしない。その「わからなさ」が、気候変動の大前提としてこれから数十年間私たちの頭上にたれこめる。10年、20年先というと、いまの家のローンもまだ返済が終わっていないし、いまと同じテレビ番組を見ていて、最高裁まで争われる裁判の中身もいまと似たりよったりのはず。大気中の二酸化炭素に気候システムがどう反応するかも少しはわかっている。それでも実際どうなるかについては、「わからなさ」がつきまとうのだ。それは科学が無知だからではなく、私たちがどう行動するかが定まっていないためだ。要するに、あとどれぐらい二酸化炭素を放出するつもりなのかということ。これは自然科学ではなく、人間的な部分の問題である。ハリケーンならば、どれぐらいの強さでどこに上陸するか、その後1週間でどう変化するか正確に言いあてられる。予測モデルが優秀であることに加えて、必要なすべてのデータを入力できるからだ。ところが地球温暖化となると、予測モデル自体は優秀だが、入れるべきデータがはっきりしない。これでいったいどうしろと?

残念なことに、得られる教訓は寒々しいものばかりだ。地球温暖化の危険が叫ばれるようになって70年以上たつのに、エネルギーの生産と消費を調整することはできなかった。気候を安定させる道筋を科学はいくつも示し、それに向けて行動することを求めたにもかかわらず、世界は道筋がひとりでにできるとばかりに、何もしないままだった。安価で使いやすいグリーンエネルギーが登場しても、利益を追求して二酸化炭素の排出を増やす市場に吸収されてしまう。政治は地球規模の連帯と協力をうたいあげる端から、約束を反故《ほご》にする。気候変動を食いとめ、破滅を避ける手段はすでに出そろっているというのが活動家の共通認識だ。そこで政治が果たす役割はけっして小さくないのだが、動きは鈍い。貧困、感染症、女性の虐待も同じことだ。

パリ協定が採択されて、地球の平均気温上昇を2℃未満に抑えるため、世界のすべての国が努力すると定められたのが2015年末。しかしすでに残念な状況になっている。国際エネルギー機関（IEA）によると、2017年には二酸化炭素の排出量が1・4パーセント増加した。[※26] それまで2年間は傾向がはっきりせず、横ばいもしくは下降に転じるとも期待されていたのに、ふたたび上昇したのである。そもそも、主要工業国でパリ協定の目標実現に向けて順調に進捗しているところは皆無だ。それに目標が達成できたとしても、平均気温は3・2℃上昇する。これを2℃未満に押しさげるには、すべての署名国が約束した以上の成果を出さねばならない。現在の署名国196か国のうち、目標が「射程圏内」にあるのはモロッコ、ガンビア、ブータン、コスタリカ、エチオピア、インド、フィリピンだけだ。[※27]それを考えると、ドナルド・トランプ大統領によるアメリカの協定離脱表明も捨てたものではない。気候問題の主導権をアメリカが手ばなすとなれば、中国の習近平《しゅうきんぺい》がより積極的な姿勢を示すかもしれないからだ。もちろんそれは仮定の話であって、いまの中国はカーボンフットプリントが世界最大であり、2018年1〜3月だけで排出量は4パーセントも増加している。[※28]石炭火力発電能力の2分の1が中国に集中しているが、平均すると稼働時間は半分ぐらい。つまりいつでも増やせるということだ。世界全体でも、2000年以降に石炭火力発電は2倍近くに増えている。[※29]ある分析では、世界全体が中国と同じように石炭を燃やしたら、2100年までに平均気温は5℃上昇するという。[※30]

2018年に国連は、現状の排出が続けば、2040年には平均気温が1・5℃上昇すると予測した。2017年度の米国気候評価報告書は、大気中の二酸化炭素濃度の上昇がいますぐ止まったとしても、気温は少なくとも0・5℃上がるとしている。だとすれば排出を減らすだけでなく、「ネガティブエミッション」も実行しないと、気温上昇2℃未満というパリ協定の目標達成はおぼつかない。ネガティブエミッションとは大気中の二酸化炭素を回収・貯留することだが、大きく分けると最新のテクノロジーを使うものと、林業や農業といった従来の産業活動のなかで行なうものがある。
ただ最近の研究報告を見るかぎり、どちらも現時点では夢物語に近い。2018年、欧州科学アカデミー諮問委員会（EASAC）は、既存のネガティブエミッション技術は「可能性が限定的」であり、大気中の二酸化炭素濃度を減らすどころか、上昇を遅らせることも難しいと結論づけている。[※31]同じく2018年のネイチャー誌は、ネガティブエミッションがらみのシナリオはすべて「魔術的思考」と切って捨てた。[※32]そんな発想を話題にすることすら忌まわしいというわけだ。大気中の二酸化炭素濃度は、高くなったといってもせいぜい410ppm前後。ただしあらゆる場所にくまなく存在している。それを回収するとなると、地球を埋めつくす勢いで大規模な処理工場を設けなくてはならない。地球は太陽を周回する空気リサイクル工場と化すだろう（バーバラ・ウォードやバックミンスター・フラーの言う「宇宙船地球号」とはまったく別物だ）。もちろん技術が進歩すれば効率が良くなり、コストも下がるだろうが、そこまで気長に待っていられない。気温上昇2℃未満の希望をつなぐには、向こう70年間、二酸化炭素回収プラントを1日1・5か所の割合で新設しなければならない。[※33]2018年現在、その数は世界全体でたった18か所である。[※34]
ありがたくない状況だが、あいにく気候問題に関する無関心はいまに始まった話ではない。不確定要素がいくつも重なる温暖化の予測は無理がありすぎるが、2100年までに平均気温の上昇が2〜2・5℃が最善のシナリオだとすると、実際には3℃か、それより少し高くなる可能性が高そうだ。二酸化炭素の排出が増えつづけることを考えると、ネガティブエミッション技術を活用したうえで、ようやく達成できる数字だ。だが、まだ解明がほとんど進んでいない自然のフィードバックを過小評価している危険もあり、そうなると今後二酸化炭素の排出を減らしたとしても、2100年までに気温が4℃上昇してもおかしくない。京都議定書以降の実態を見れば、こと二酸化炭素の排出と温暖化に関して、「確実にこうなる」という予想が不毛であることは明白だ。「何が起きてもおかしくない」未来を考えるほうが賢明だろう。

総人口の4分の3に熱波が影響

気温上昇の問題に拍車をかけるのが、世界の人口の大多数が暮らす都市の存在である。アスファルトとコンクリートは熱を吸収してためこむ。[※35]これが問題だ。というのも熱波のときは、夜に気温が下がることで人の身体は回復する。しかし気温があまり下がらなかったり、下がる時間が短かったりすると、身体は加熱される状態がずっと続く。アスファルトとコンクリートは、昼間に大量の熱をためこんで夜に放出するので気温が下がらない[※36]――いわゆるヒートアイランド現象だ。閉じられた空間である都市は、人口密度が高いほど気温が高くなり、その結果、耐えがたい暑さが死を招く暑さになってしまう。1995年にシカゴを襲った熱波では、公衆衛生が機能しなかったことも手伝って、739名が死亡した。[※37]これは熱波が直接の原因とされた死者の数であり、それ以外にこの期間に病院で受診した人の半数は年内に死亡している。脳に回復不能な損傷が生じた人も多かった。

いうまでもなく、世界では都市化が急速に進んでいる。2050年までに総人口の3分の2が都市に居住すると国連は予測する。[※38] 25億人が新たに都市に流れこむ計算だ。1世紀以上ものあいだ都市は未来の象徴であり、人口500～1000万人、2000万人という巨大都市がいくつも出現した。気候変動もこの流れにブレーキをかけられそうにない。野心いっぱいで大都市に移ってきても、カレンダーには死を呼ぶ熱波の日のしるしが並び、炎に集まる蛾《が》のように増えていく。

アメリカでは、犯罪の多さに辟易《へきえき》した住民が都市から出ていく現象が見られたが、気候変動で同じことが起きないともかぎらない。あまりの暑さに道路の舗装が溶け、線路が曲がったという話はすでに聞くが、今後数十年でさまざまな影響が噴出するにちがいない。現在、夏の平均最高気温が35℃に達する都市は世界に354か所あるが、2050年には970に増え、生命にかかわる暑さにさらされる人は8倍の16億人になる。[※39] アメリカでは、仕事中に重い熱中症になった人が1992年以降7万人になる。[※40] 2050年にはその数が世界中で25万5000人になると予測される。[※41] 現時点でも10億人がヒートストレスを受け、総人口の3分の1が毎年少なくとも20日は熱波で死ぬ危険にさらされている。[※42] 2100年には総人口の半分にまで増えるだろう。平均気温の上昇を2℃未満に抑えたとしてもだ。そうでなければ、世界の人口の4分の3が熱波の影響を受ける。

アメリカ人は熱中症と聞くと夏のキャンプを思いだす。水泳中のこむらがえりもそうだ。だが死にいたるほどの熱中症は、低体温症と同じく見当識が失われ、苦痛もすさまじい。[※43]熱中症では、まず「熱疲労」という暑さでへばった状態になる。脱水症状が起きている証拠だ。続いて多量の発汗、吐《は》き気、頭痛が現われる。症状が進むと、もう水分補給も効果がない。深部体温が上がり、身体は血液を表面に送りこんでなんとか冷やそうとする。皮膚が赤くなり、臓器が機能不全に陥る。汗が止まり、脳の働きもおかしくなる。激しく動揺したり、攻撃的になったりしたあげく、心臓発作で死にいたる。ランゲウィーシェは書いている。「過剰に熱がたまったら、皮膚を脱ぐ以外に対策はありません」

第7章　飢餓が世界を襲う

もちろん気候や品種によってばらつきはあるが、主食となる穀類の栽培では、気温が1℃上昇すると収穫量は10パーセント減少するのが原則だ。[※1] それ以上という計算もある。[※2] 今世紀末、世界の人口は最大1・5倍まで増えると予測されているが、もし地球の平均気温が5℃上昇したら、口に入る穀類は50パーセント減ることになる。もっとかもしれない。というのも、温暖化が進むより早く、すでに収穫量は減少しつつあるからだ。タンパク質も厳しくなる。牛肉のハンバーガーパティ450グラムを生産するのに必要な穀物は3・6キログラム。[※3] しかも牛はメタンガスのげっぷで温暖化を後押ししている。

人間の食べ物は約40パーセントを穀類が占める。[※4] 大豆とトウモロコシまで加えれば、総摂取カロリーの3分の2に達する。[※5] 2050年には、いまの2倍の食料が必要になるというのが国連の予測だ。[※6] あくまで推測だが、あながち的はずれでもない。楽天的な植物生理学者は、1℃の気温上昇で収穫が1割減という計算は、すでに気温が上限に近い地域でしか成りたたないと主張する――なるほど温暖化になれば、グリーンランドでも小麦の栽培が容易になるだろう。しかしロザモンド・ネイラーとデイビッド・バティスティは、熱帯地域はもう穀類栽培に適さないし[※7]、いま最適な気温のところも、あと少し上がるだけで生産性が下り坂に転じると指摘する。トウモロコシも同じだ。世界最大の生産国アメリカでは、4℃の気温上昇でトウモロコシの収穫量が半分に落ちる。中国、アルゼンチン、ブラジルといったほかの生産国はそれほどでもないが、少なくとも生産性が20パーセント減になるだろう[※8]。

10年前には、温暖化による熱が植物の成長を妨げるいっぽう、大気中の二酸化炭素が肥料の役目を果たすと言われていた。ただしこの効果が大きいのは雑草で、穀類はそのかぎりではない。それに二酸化炭素濃度が上昇すると、植物の葉は厚くなる。それでも問題はなさそうだが、実は葉が厚みを増すと二酸化炭素の吸収が落ちるのだ[※9]。その結果、今世紀末には、毎年63億９０００万トンの二酸化炭素が大気中に残ることになる。

気候変動は、主要作物に別の戦いも強いる。害虫が活発になって2～4パーセントは収穫量が落ちるし、カビや病気、洪水の危険も増大するからだ。モロコシのように丈夫な作物でさえ、最近は収穫量が落ちている。暑さに強い品種の開発もなかなか成果が出ない。小麦栽培に適した地帯は、10年ごとに約２６０キロメートルずつ極地方向に移動している。だからといって、すでに町があり、高速道路が走り、オフィス街や工業団地があるところを、いきなり農地にするわけにいかない。カナダやロシアの北方の辺境地は、たとえ温暖化で栽培適温になったとしても、土質が追いつかない。やせ土が肥沃《ひよく》になるには何世紀もかかるのだ。それに、そもそも土自体がなくなりつつある。信じられないかもしれないが、毎年750億トンが消滅しているのだ。[※10] アメリカでは、自然の補充作用の10倍の速さで表土喪失が進んでいる。[※11] 中国とインドはそれぞれ30倍、40倍だ。[※12]

こうした状況に対して、私たちの動きはあまりに遅い。経済学者リチャード・ホーンベックは、アメリカ中西部で1930年代に発生した砂嵐、ダスト・ボウルを研究している。当時の農家は、栽培作物を変更することで気候の変化に対応できたはずなのに、そうしなかった。銀行から金を借りられず、惰性や慣行、深く根をおろしたアイデンティティをくつがえすことができなかったのだ。[※13] その結果、農業は壊滅して、悪影響がドミノ倒しのようにアメリカ全土に波及していった。

そしていま、アメリカ西部で同じことが起きている。地質学者ジョン・ウェズリー・パウエルは、南北戦争では北軍に加わり、ビックスバーグ包囲戦の合間に塹壕《ざんごう》の岩石を調査していた。戦後の1879年には、西経100度線が中西部と西部の境界になっていることを突きとめた。[※14] 中西部は湿潤気候で耕作に適しているが、雄大な景色が広がる西部は乾燥していて農業には不向きだ。[※15] テキサス、オクラホマ、カンザス、ネブラスカ、サウスダコタ、ノースダコタの各州を通過し、南はメキシコ、北はカナダのマニトバ州に到達するこの境界線は、大規模農場が広がる人口密度の高い地域と、農業的にはほとんど価値のない平原を分けていた。ところが1980年以降、乾ききって使いものにならない農地が増え、この境界線が220キロメートル東の西経98度線まで移動した。アフリカ大陸にあるサハラ砂漠の境界線も動いている。[※16] 砂漠の面積が10パーセント、

冬は18パーセント広がったからだ。[※17]

気候変動は諸問題の源

イギリスの経済学者トマス・ロバート・マルサスは、経済成長は永遠に続かないと考えた。作物が豊かに実って国が発展しても、生まれる子どもが増えてその分を吸収する。つまり人口増加が物質的繁栄に歯止めをかけるというのだ。ところが工業化の特権を享受する西側諸国の人間は、マルサスのそんな予測をずっと鼻で笑ってきた。１９６８年にはアメリカの生物学者ポール・エーリックが、著書『人口が爆発する！――環境・資源・経済の視点から』（新曜社）で、人口が何倍にも増えた21世紀の世界について、経済と農業の成長はすでに限界に達していると警告を発した。この本が出版された当時は、「緑の革命」が農業生産性を押しあげると期待を集めていた。今日ならクリーンエネルギーのことかと思われそうだが、もともと緑の革命とは、20世紀半ば、先端的な農業手法の導入で実現した生産性の飛躍的増大を指す。それから半世紀が過ぎ、世界の人口は2倍に増えたが、極貧生活の人はおよそ6分の1に減った。総人口の約半分から、10パーセントになったのだ。発展途上諸国の栄養不良の割合も、１９７０年の30パーセント以上から10パーセント近くにまで落ちた。[※18]

環境問題が切迫するなかで、これは明るい数字だ。ジャーナリストのチャールズ・マンは、20世紀の緑の革命を振りかえる近著『魔法使いと預言者（The Wizard and the Prophet）』のなかで、資源逼迫《ひっぱく》への反応は2種類あるとして、反射的に楽観視する人を「魔法使い」、迫りくる破綻を警戒する人を「預言者」と呼んだ。緑の革命は構想から実現まで非のうちどころがなく、エーリックの主張は杞憂《きゆう》に思えるが、マンはまだ答えを出しかねている。エーリック、そしてその親分格のマルサスの懸念を切って捨てるのは早計ではないか。20世紀に達成された農業生産性の飛躍的向上は、元をたどればたったひとりの男の業績であり、アメリカ帝国が人道的な善行を積んだ典型的な例でもある。その男の名はノーマン・ボーローグ。1914年、アイオワ州の農家に生まれ、ミネソタ大学を卒業後、化学会社デュポンに入った。[※19] その後ロックフェラー財団の支援を受けながら、高収量・耐病性の小麦の品種を次々と開発。世界で10億人の生命を救ったとされる。たったひとりでこれだけの成果を出したのだから、将来はもっと改善が期待できるのでは?

この種の議論でかならず出てくるのが「環境収容力」だ。酷使による崩壊や劣化を起こさずに、その環境が支えられる最大の個体数である。ただし決まった区画の最大収穫量をはじきだすのと、その数字をボーローグのような「帝国の魔法使い」でも指令制御できないほど大きく、分散している環境システムで実現するのは別の話だ。地球温暖化は、数式にひとつ数字を入れれば環境収容力の答えが出るという単純な現象ではない。一連の条件下でさまざまな実験を行ない、環境収容力がほんとうに高まるのか確かめていかねばならないのだ。そうなると気候変動は、戦争や不平等など、解決しきれずに何度でも繰りかえす問題のひとつではなく、そうした困難がすべて乗る大きな舞台ということになる。世界が将来直面する問題も、その解決策も、すべてそこに出てくるのだ。
とはいえ、どの問題もなぜか同じ様相を呈する。発展途上諸国が抱えるさまざまな問題――貧困、飢え、教育、乳児死亡率、平均寿命、男女差別――の近年の改善状況をグラフにすると、世界の二酸化炭素排出量が激増するグラフと同じ曲線になる。これは、いわゆる「気候正義」のひとつの側面だ。気候変動の打撃を最も受けるのは、こうした余力の乏しい国々であることはまちがいない。しかしその反面、冷戦が終わってから発展途上諸国に中間層が生まれ、成長してきたのは、化石燃料を使う工業化の後押しがあればこそだ。南半球の繁栄と安寧は、地球環境の将来を抵当に入れたことで実現した。
その意味で地球の気候の運命は、中国とインドがどう発展するかに左右される。19世紀から20世紀に工業化をすませた国々に追随するのがいちばん楽だが、その先には気候崩壊が待っている。それをわかったうえで、何億もの人間を中間層にひっぱりあげなくてはならない。中国の牛乳消費量は、食生活の西洋化もあって2050年までに現在の3倍に増えると予測される。それだけで、酪農による温室効果ガスの排出は35パーセント増加するのだ。[※20]
そうでなくとも、食品生産はすでに排出量のおよそ3分の1を占めている。[※21]環境保護団体グリーンピースは、危険な気候変動を避けるには、2050年までに世界全体で肉と乳製品の消費を半分に落とす必要があると訴える。[※22]だがそんなことは不可能だ。貧しかった国が豊かになるとどうなるか、私たちはよく知っている。ただ牛乳をやめればいいということではない。お気楽な電化生活、自動車頼みの文化、太りたくないがゆえのタンパク質偏重の食生活はもっと大きな問題だ。脱工業化が進む欧米諸国は、これまでさんざん恩恵を受けておきながら、そこは考えないようにしている。罪悪感を覚えるにしても、しょせんは批評家クリス・バートカスの言う「マルサス主義者の悲劇」にほかならない。[※23]富める者は自然を征服して踏みにじり、物質的快楽の競争に落ちこぼれた他地域の人間を苦しめてきたのに、日常生活でおのれの無知さかげんに気づこうともしない。だからいま、その代償を支払えと詰められているのだ。

もちろんほとんどの人間は、こうした悲劇的な自己憐憫《れんびん》にすらとらわれていない。全否定でも運命論の盲信でもなく、無知と無関心が半分ずつというのが実際のところだろう。ウィリアム・ボルマンが著わした全二巻の大著『カーボン・イデオロギー（Carbon Ideologies）』は、スタインベックの「犯罪はつねに自分以外の誰かのしわざだ」という題辞のあと、こう始まっている。「あまり遠くないいつか、いまより暑く、危険が多くて、生き物の数も種類も乏しくなった地球の住民たちは首をかしげるだろう。あなたや私はいったい何を考えていたのか、いや、そもそも考えることをしていたのかと」

プロローグは荒廃した未来の視点から過去形で書かれている。「私たちは自分のことしか考えなかった。知恵を働かすことをさぼり、自らへの問いかけも、社会への発言もしなかった。全員が金のことしか頭になく、そのせいで命を落とした」

飢餓の爆発的な拡大

食料生産に関しては、暑さより旱魃のほうが重大かもしれない。世界の耕作可能地帯で、いま急速に砂漠化が進んでいる。気温が2℃上昇すると、地中海地域とインドの大半は窮地《きゅうち》に陥る。[※24] 世界各地のトウモロコシ栽培が打撃を受け、食料供給が逼迫する。2・5℃だと世界的な食料不足が起きて、必要なカロリーをまかなえなくなる。3℃になると中央アメリカ、パキスタン、アメリカ西部、オーストラリアにまで旱魃が広がる。そして5℃ともなると、環境保護活動家マーク・ライナスの言葉を借りれば「2本の旱魃ベルト地帯が地球をぐるりと一周する」のだ。[※25]

降水量予測は難しいことで知られているが、今世紀後半までなら見解は一致している——過去に例のない大旱魃と、洪水を引きおこすような大雨が両方発生する。二酸化炭素の排出を大幅に削減しないと、2080年にはアメリカのダスト・ボウルを上回る旱魃がヨーロッパ南部では常態になる。[※26] イラクとシリア、および中東の大半の地域、オーストラリアとアフリカ、南アメリカの人口過密地帯、中国の穀倉地帯も同様だ。[※27] いずれも世界の食料の主要供給源だが、もうその役割は期待できない。ダスト・ボウルは、旱魃が1930年代ほどひどくはないとはいえ、過去1000年間で最悪のレベルに達すると予測している。過去1000年というと、1100〜1300年にかけての旱魃はシエラネバダ山脈以東の全河川が干上がり、先住民アナサジ人の文明が滅びた一因とも言われている。[※28]

この数十年で食料生産は大幅に増えたとはいえ、いまの世界はけっして飢えと無縁ではない。

8億人が栄養不良で、そのうち1億人は気候変動が原因だ。[※29]「隠れ飢餓」、つまり不十分な食事で微量栄養素が不足している人となると、10億人をゆうに超える。2017年春には、ソマリア、南スーダン、ナイジェリア、イエメンの4か国で同時飢餓が発生する異常事態となり、年内の死者は2000万人になると国連が警告を発した。[※30] 1年間に10億人を養うのもおぼつかないのに、この地域の人口は21世紀中に40億人になる。

人口増加と食料不足の問題は、次のボーローグがたくさん現われて解決してくれる――そんな希望を持つ人もいるだろう。たしかに画期的な新技術も登場しつつある。中国は農業戦略の完全カスタマイズで生産性を引きあげ、温室効果ガスを出す肥料を減らそうとしている。[※31] イギリスでは土を使わない農業をめざす企業が、2018年に初の「収穫」を報告した。[※32] アメリカでは、農地を使わず屋内で育てる垂直農法や、新たなタンパク質源としての「培養肉」に期待が集まる。ただし、どれもまだ駆けだしの技術であり、費用も高く、必要としている人には届かない。10年前には、遺伝子組み換え作物が第二の緑の革命になると誰もが夢をふくらませた。ところがこの技術は、農薬を製造販売する企業が、その農薬への耐性を高めるのにもっぱら活用している。また社会の抵抗感も強まるばかりで、自然食品スーパーのホールフーズ・マーケットは、自社ブランドの炭酸水を「遺伝子組み換えでないスパークリングウォーター」と銘打って販売している。

駆けだしの技術で恩恵を受けられるにしても、それがどの程度なのかはっきりしない。数理生物学者イラクリ・ローラツェは15年前から、二酸化炭素が人間の栄養状態に与える影響を研究している。植物を大きくすることは可能だが、そうすると栄養分が減るというのだ。それは植物生理学者も予想外の指摘だった。ローラッツェはニュースメディア〈ポリティコ〉の「栄養大崩壊」という記事で、次のように語っている。「二酸化炭素濃度が上昇すると、木や草の葉はたくさんの糖を生成します。生物圏に存在する炭水化物がかつてないほど多くなり、それだけほかの栄養分が乏しくなるのです[※33]」

栽培植物の成分、たとえばタンパク質、カルシウム、鉄、ビタミンCの含有量が、1950年にくらべて3分の1まで落ちていることが2004年の調査で明らかになった[※34]。あらゆる食べ物がジャンクフード化している。ミツバチがつくる花粉団子でさえ、タンパク質は以前の3分の1だ[※35]。

大気中の二酸化炭素濃度が高くなると、事態はさらに悪化する。2050年には発展途上諸国の1億5000万人がタンパク質欠乏に陥るという予測もある[※36]。貧しい人びとは肉ではなく作物が主なタンパク源だからだ。妊婦の健康に不可欠な亜鉛は1億3800万人が不足し[※37]、食事で摂取する鉄になると14億人で不足し、貧血が大量発生するという[※38]。2018年、朱春宇を中心とする研究チームは18品種の米でタンパク質含有量を分析した[※39]。米は世界で20億人以上の生命を支える作物だ。その結果、大気中の二酸化炭素増加による栄養劣化が全品種で確認された。タンパク質をはじめ、鉄、亜鉛、ビタミンB_1、B_2、B_5、B_9まで、ビタミンE以外はすべて減っていたのだ。研究チームは、米の栄養成分だけで考えても、二酸化炭素の排出は6億人の健康を損ねる恐れがあると指摘している。

人類は作物で巨大帝国を築いてきた。そしていま、気候変動が新たな帝国を建設中だ。それは貧者を踏みつける飢餓の帝国である。

第8章　水没する世界

このままだと海は殺人鬼になる。二酸化炭素の排出増加が止まらないと、今世紀末に海面は少なくとも1・2メートル[※1]、あるいは2・4メートルぐらいまで上昇するかもしれない[※2]。パリ協定で決めた平均気温上昇2℃未満が達成できたとしても――それ自体が楽観的すぎる目標だが――2100年には海面が2メートルも上がってしまうかもしれない[※3]。

だが皮肉なことに、私たちはこの数字ゆえに安心しきっていた。気候変動といっても、海面が2メートルばかり上がるだけ……海岸のすぐそばに住む者も、それで安堵のため息をついていたのだ。海面の上昇から地球温暖化の脅威を訴えて、ベストセラーになる本もあったが、それがかえって逆効果だったとも言える。その先の未来を脅かす危険、すなわち熱波や異常気象、感染症の爆発的な蔓延《まんえん》から読者の関心をそらしてしまったからだ。海面上昇はそれだけ「おなじみ」の話ではあるが、気候変動がもたらすさまざまな影響のなかで、いちばん重大なものであることに変わりはない。近未来の世界は、海面がいまよりずっと高いだろう。多くの人がそんな未来図を粛々と受けいれていることには違和感があるし、落胆もする。それは核戦争が避けられないとあきらめるようなものだ。実際、海面上昇はそれに匹敵するほどの被害をもたらす。

ジェフ・グッデルは著書『水が迫りくる（The Water Will Come）』のなかで、今世紀中に水没して、沈没船のような海底遺物になりそうな名所を列挙している。[※4]

フェイスブック本社
ケネディ宇宙センター
ノーフォーク海軍基地
モルディブ共和国とマーシャル諸島共和国の全部
バングラデシュの大部分と、ベンガルトラの王国だったマングローブ林の全部
マイアミビーチ全部と、沼沢地と砂洲を開発してまだ1世紀もたっていない南フロリダの大部分
1000年以上の歴史を持つベネツィアのサン・マルコ寺院
ロサンゼルスのベニスビーチとサンタモニカ
ワシントンDCペンシルベニア通り1600番地にあるホワイトハウス
トランプ大統領の「冬のホワイトハウス」があるマー・ア・ラゴ
ニクソン元大統領の「冬のホワイトハウス」があったキー・ビスケーン
トルーマン元大統領の「リトル・ホワイトハウス」があったキー・ウェスト

これはほんの一部にすぎない。海底に沈んだアトランティス文明にプラトンが夢中になったのが2000年以上前のこと。アトランティスは地中海に浮かぶ人口数千、あるいは数万の小さな群島国家だったと思われる。[※5]二酸化炭素の排出増加が止まらなければ、2100年には世界の人口の5パーセントが毎年洪水に見舞われるだろう。[※6]インドネシアの首都ジャカルタは、人口1000万で成長著しい都市だが、洪水と地盤沈下のせいで早くて2050年には完全に水没する。[※7]すでに中国の珠江《しゅこう》デルタでは、毎年夏になると洪水を避けて数十万人が避難している。[※8]

洪水で家が水に浸かり、数千万単位で気候難民が出現する。わずか数百万の難民にも四苦八苦するいまの世界が、それだけの数を支えられるのか。それに失われるのは住居だけではない。地域社会、学校、商店街、農地、オフィス街、高層ビルなど、数世紀前ならひとつの帝国と言ってもおかしくない規模の地域文化が、突如として海底博物館と化す。海岸から安全な距離を保つどころか、海岸に向かって競うように建物を増やしていった1～2世紀の歴史が海の底に沈むのだ。石英《せきえい》や長石《ちょうせき》が浸食で細かい粒になり、失われた砂浜が補充されるには、何千年、いや何百万年もかかるだろう。

海面が上昇すれば、20年もしないうちにインターネットを支えるインフラの多くは水没するとも言われている。[※9]スマートフォンの一大製造拠点である深圳《しんせん》はまさに珠江デルタに位置していて、こちらも頻発する洪水の被害を受ける。「憂慮する科学者同盟」は、住宅ローンの返済もまだ終わらない2045年までに、アメリカでは31万1000戸が慢性的な浸水の危険にさらされると予測する。[※10] さらに２１００年には２４０万戸以上、金額にして１兆ドルの不動産が水をかぶることになる。気候変動で、アメリカの沿岸部は保険の対象外になりそうだが、それだけではすまない。災害保険の概念そのものが成立しなくなる。最近のある調査によると、今世紀末には６種類の気象災害が同時発生する場所も出てくるという。二酸化炭素の排出を減らさないと、災害による被害額は２１００年までに年間１００兆ドルに達するとの予測もある。[※11] これは世界全体のＧＤＰより多い。予測値として多いのは年間14兆ドル程度だが、[※12] それでもＧＤＰの５分の１を占める。

それに今世紀末で洪水がおさまるわけでもない。[※13] 海面はじりじりと上昇を続け、２℃上昇という楽観的なシナリオでも、数千年後には６メートルも高くなる。[※14] するとどうなる？ 地球上の１１５万平方キロメートルの陸地が消失する。[※15] 現在そこに暮らすのは３億７５００万人。４分の１が中国に集中している。海面の上昇で重大な影響を受ける20都市は、上海、香港、ムンバイ、コルカタなどすべてアジアの巨大都市だ。[※16] 現代地政学のノストラダムスたちは、これからはアジアの世紀だと予言するが、気候変動がその見通しを不透明にする。中国が今後も発展を続けることはまちがいないが、迫りくる海とも戦わねばならない――南シナ海支配を確立したがっているのは、それも理由のひとつかもしれない。

世界の大都市の３分の２は沿岸に位置している。その周辺には発電所、港湾、海軍基地、農地、漁業施設、河川デルタ、沼沢地、水田もある。いま海抜３メートルでも、海面が上がればすぐ浸水するし、その頻度も高くなる。欧州科学アカデミー諮問委員会（ＥＡＳＡＣ）によると、１９

80年から洪水は4倍、2004年からでも2倍に増えているという。[※17] アメリカ東海岸では、「控えめな」予測でも2100年には高潮が「1日おきに」発生するようになる。[※18]

内陸部の洪水もある――豪雨で河川の水位が上がり、氾濫して下流域を水びたしにするのだ。1995～2015年までに、こうした洪水で23億人が被害を受け、15万7000人が死亡している。[※19] 二酸化炭素の排出をこれから最大限減らしたとしても、すでに大気中に放出された分が作用して降雨量が大幅に増える。[※20] 南アメリカでは、河川氾濫で被害を受ける人が600万から1200万に倍増すると予想される。アフリカでは2400万から3500万、アジアでは7000万から1億5600万になるだろう。たった1・5℃の気温上昇で、洪水被害はいまの160～240パーセント増になり、死者は1・5倍になるのだ。連邦緊急事態管理庁（FEMA）の最近の予測では、洪水リスクは3倍に増え、4000万人以上が深刻な浸水にさらされると警告している。[※21]

忘れないでもらいたいのは、いまから二酸化炭素の排出を大幅に減らしても、洪水の危険は回避できないということだ。ヨーロッパ北部の広範囲、それにアメリカの東半分は、このままでは洪水の発生が10倍になる。インド、バングラデシュ、東南アジアも同じだが、もともと大規模の洪水が頻発する地域なので、人道危機と呼べるような被害が毎年発生することになる。

それなのに、私たちは忘れるのが速い。2017年に南アジアで起きた洪水では1200人が死亡し、バングラデシュの国土は3分の2が水に浸かった。[※22] 国連事務総長アントニオ・グテーレスは、4100万人が被害を受けたと語っている。[※23] 気候変動の膨大なデータに埋もれがちではあるが、4100万人というと、ノアの方舟伝説[※24]の起源になったとされる7600年前の黒海大洪水当時の世界の総人口の8倍だ。[※25] 2017年には、ミャンマーからバングラデシュに逃れてきた70万人近いロヒンギャに洪水の危険が迫った。[※26] 難民キャンプは地すべりの通り道に位置している。人口密度がフランス第三の都市リヨンより高いキャンプ地を、モンスーンが襲ったのだ。

急加速する氷の消失

私たちは新しい海岸線にどこまで対応できるのか。すべては海面が上昇する速さしだいだが、それでも残り時間がはっきりしてきた。パリ協定の草案を練っていたころは、平均気温が数度上昇しても南極氷床はびくともせず、今世紀末の海面上昇も1メートルにはならないと思われていた。[※27] つい2015年のことだ。ところが同じ年のアメリカ航空宇宙局（NASA）の調査で、この見こみは都合が良すぎることが暴かれた。1メートル弱の予測は最大値ではなく、最小値だと判明したのだ。2017年にアメリカ海洋大気庁（NOAA）は、今世紀中に2・4メートルもありうると発表した。東海岸では、暴風雨がなくても満潮だけで浸水が起きる「晴れた日の洪水」という言葉まで生まれている。[※28]

2018年には事態悪化の加速を物語る研究結果も発表された。[※29] 南極氷床が融ける速さはこの10年で3倍になったというのだ。[※30] 1992～1997年に消失した氷は年平均490億トンだったが、2012〜2017年には年2190億トンになっていた。[※31] 2016年に気候科学者ジェームズ・ハンセンは、氷の融解が10年ごとに2倍に増えるようだと、海面上昇は50年で数メートルになると指摘する。[※32] しかし最新の研究では、わずか5年間で2倍どころか3倍になっていたのだ。1950年代以降、南極大陸が失った氷棚《ひょうほう》は3万4000平方キロメートルにもなる。[※33] その運命は、これから10年間に人間がどんな対策をとるかにかかっている。[※34]

気候変動は不確定性に支配されている。それも人間の行動の不確定性だ。地球上の生命は、このままだと大きく変容せざるを得ない。それを未然に防いだり、方向をそらしたりするために、いつ、どんな形で介入するか。淡々としたものから危機感をあおるものまで、あらゆる予測は疑念に包まれている。しかも数が多すぎて、どれかひとつに太鼓判を押すことができない。

だが海面の上昇はちがう。この問題に対する私たちの反応がいまひとつなのは、気候変動のほかの領域にくらべてはるかに認識が浅いためだろう。巨大な氷がばらばらに壊れるなんてまったく新しい現象で、人間の歴史でかつて観察されたことがなく、[※35] 当然ほとんど理解も進んでいない。北極圏の氷が急速に融けているおかげで、氷棚消失の「損傷力学」[※36] を扱う論文も増えている。それは海面上昇の原動力とされるが、まだ研究は途上であり、氷床が融ける速さを正確に言いあてることはできない。地球の過去の気候については、かなりのところまでわかってきた。しかし有史のなかで、これほどの速さで温暖化が進んだ前例はない——ある推計では、6600万年前以降のどの時点とくらべても約10倍だという。[※37] 平均的なアメリカ人ひとりが1年間に排出する二酸化炭素が、南極の氷床1万トンを融かし、海水を1万立方メートル増やしている。[※38] 1分間あたり20リットルだ。

グリーンランドの氷床は、わずか1・2℃の温暖化で融解が止まらなくなる臨界点に達するという研究もある[※39]（すでに平均気温は1・1℃上昇しているから、もう後がない）。この氷床が融けるだけで、海面は6メートル上がり、[※40] マイアミとマンハッタン、ロンドン、上海、バンコク、ムンバイが水没する。このまま無制限に二酸化炭素を排出していたら、2100年までに平均気温は4℃以上高くなる。ただし上昇幅は一様ではなく、北極ではなんと13℃にもなる。

2014年、西南極氷床とグリーンランド氷床が予想以上に融けやすくなっている事実が判明した。[※41] 西南極氷床についてはすでに崩壊に向かう臨界点を超えており、氷消失の速さは5年で2倍以上に加速している。グリーンランドも同様で、氷床が1日に10億トン近く消えている。[※42] もしどちらかでも氷が全部融けたら、地球の海面は3～3・6メートル上昇するだろう。[※43] 2017年には、東南極氷床の二つの氷河も年180億トンの勢いで融けていることが報告された。[※44] 氷河が完全に融けたら、海面は4・9メートル上昇すると予測される。これらを合計すると、南極の二つの氷床が消えると海面は60メートル高くなることになる。世界各地の海岸線は何キロメートルも内陸へ移動するだろう。科学ジャーナリストのピーター・ブラネンによると、地球の温度がいまより4℃高かった時代、南極にも北極にも氷は存在せず、海面は79メートル高かった。北極圏にヤシが生えていたのだ。赤道付近がどんな環境だったか、想像もしたくない。

欧米、アジアの都市が水没

氷の融解はそれだけで完結する現象ではない。これが引き金となってどんな崩壊が始まるのか、まだ把握しきれていないのが現状だ。心配の種のひとつがメタンである。北極圏の永久凍土には、いま地球の大気中に存在する量より多い1兆8000億トンの温室効果ガスが閉じこめられている。[※45]これが融けることで、二酸化炭素より温室効果が数十倍も強いメタンが放出されるのだ。

私が気候変動のことを本気で調べはじめたころは、北極圏の永久凍土からメタンが放出される危険はきわめて低いとされていた。研究者たちもこの問題は検討に値しないととらえて、「北極のメタン時限爆弾」「死のげっぷ」などとふざけた呼びかたをしていた。しかしその後、ありがたくないデータが次々と報告されるようになる。ネイチャー誌に掲載されたある論文は、[※46]すでに進行している「突発融解」[※47]によって、北極圏の永久凍土からメタンの放出が急速に進む可能性があると指摘した。大気中のメタン濃度は近年大幅に上昇しているが、[※48]その発生源がわからず、研究者は首をかしげていた。ところが最新の研究で、北極圏の湖から出るメタンの量が、今後倍増しそうなことが判明した。[※49]これが最近始まったことなのか、私たちがようやく気づいただけなのか、それはわからない。メタンの大量放出はないという認識がなおも主流ではあるが、可能性が完全にゼロではないリスクに注目し、まじめに検討する意味があることを新しい研究が教えてくれた。いくら確率が低いからといって、話題にもせず放置していたら、その後研究が進んだときに不意打ちを食らうことになる。

永久凍土が融けていることは疑問の余地がない――カナダではこの半世紀に凍土の境界線が130キロメートル近く後退した。ＩＰＣＣの最新の評価では、地表近くの永久凍土は2100年までに37～81パーセント失われると予測する。[※50]ただし温室効果ガスの放出はゆっくりで、しかも二酸化炭素がほとんどだろうというのが多くの科学者の見解だ。しかし2011年、アメリカ海洋大気庁（ＮＯＡＡ）と米雪氷データセンターは、カーボンシンク（炭素吸収源）である永久凍土が融解すれば、早ければ2020年代には炭素排出源に転じると予測し、[※51]2100年までに北極が出す炭素は1000億トンになると指摘した。[※52]産業革命以降、人類が生みだした炭素の半分に相当する。

気候科学の研究では、北極からのこうした「フィードバック」に関心が集まっているとは言いがたい。いま研究者が憂慮するのは「アルベド効果」のほうだ。雪や氷は白いので、太陽光線を多く反射する。それが減少することで太陽光線の吸収が増え、地球温暖化が進むのだ。海氷を研究するピーター・ワダムズは、北極の氷が完全に消失したら、過去25年分の温暖化が一気に進むと考える。[※53]ちなみに過去25年分とは、人類がこれまでに出した二酸化炭素の約半分だ。たったそれだけのあいだに、申し分ない状態で安定していた地球の気候が、破滅の瀬戸際まで追いやられるのである。

もちろんすべては推論でしかなく、氷床喪失にしろ、北極圏からのメタン放出、アルベド効果にしろ、かならず不確実な要素がついてまわる。しかし私たちがわからないのは変化の速さだけであって、規模はわかっている。温暖化が行きつく先に海がどうなっているかはわかっても、どれだけ時間がかかるかはじきだせないのだ。

海面はどこまで上がる? 海洋化学者デイビッド・アーチャーは、数百年単位、長ければ100年という「長い雪どけ」が地球温暖化におよぼす影響を熱心に探っている。アーチャーの予測では、平均気温が3℃上がるだけでも、海面は少なくとも50メートル上昇するという。[※54]パリ協定の目標が達成された場合に2100年に予測される値の100倍だ。アメリカ地質調査所にいたっては、80メートルという数字を提示している。[※55]

それで世界が海の底に沈むわけではないが、大差ない状況に陥るのはたしかだ。モントリオール、ロンドンはほぼ水没する。アメリカとて例外ではなく、海面の上昇が50メートルでもフロリダ州の97パーセント以上が沈み、山が少し顔をのぞかせるだけになる。[※56]デラウェア州も97パーセントがなくなり、ルイジアナ州は80パーセント、ニュージャージー州は70パーセント、サウスカロライナ、ロードアイランド、メリーランドの各州は半分が海になる。サンフランシスコとサクラメント、ニューヨーク、フィラデルフィア、プロビデンス、ヒューストン、シアトル、バージニアビーチなども海の底だ。海岸線が160キロメートルも後退するところが出てきて、いまは陸地に囲まれているアーカンソーやバーモントは沿岸州になる。

アメリカ以上に深刻なところもあるだろう。ブラジル、アマゾナス州のマナウスは海辺の州都ではなく海中都市になる。[※57]ブエノスアイレスも同様。内陸国パラグアイの首都で、いまは海岸から800キロメートルも離れているアスンシオンも水中に没するだろう。ヨーロッパではロンドンに加えてダブリン、ブリュッセル、アムステルダム、コペンハーゲン、ストックホルム、リガ、ヘルシンキ、サンクトペテルブルクが水没する。イスタンブールもだ。そして黒海と地中海がひとつになる。

アジアではドーハ、ドバイ、カラチ、コルカタ、ムンバイなど、沿岸にある多くの都市が水中に沈み、砂漠に近いバグダッドや、海岸から160キロメートルも離れた北京からその面影をしのぶことになる。

海面上昇80メートルというのは予測最大値だが、そこまでいってしまう可能性は充分にある。温室効果ガスの作用は長い期間にわたるため、回避することは難しい。水びたしになった地球には、どんな文明が花開いているのか。それは1000年先かもしれないし、もっと早いかもしれない。いまも海抜10メートル未満の場所に6億人以上が暮らしている。[※58]

第9章　史上最悪の山火事

南カリフォルニアでは、感謝祭からクリスマスのころに雨季が始まる。しかし2017年はちがった。その年の秋に発生した史上最悪の山火事トーマス・ファイヤーは、1日で200平方キロメートルに燃えひろがり、1140平方キロメートルを焼きつくして、10万人以上が避難した。[※1]発生から1週間たっても、「抑制度15パーセント」という恐ろしい事態が続く。[※2]トーマス・ファイヤーを引きおこした気候変動と、その後に待ちうける環境崩壊についても、抑制できるのはせいぜい15パーセントといったところか。つまり何もできないということだ。

燃える街。それはロサンゼルスに深く根ざしたイメージだ――ジョーン・ディディオンは1968年のエッセイ集『ベツレヘムに向け、身を屈めて』(筑摩書房)の1篇「ロサンゼルス・ノート(Los Angeles Notebook)」でそう書いている。[※3]もっともトーマス・ファイヤーに関しては、テレビや新聞、SNSで「信じられない」「かつてない」「想像を超えた」といったわかりやすい言葉が飛びかっている。ディディオンがエッセイでとりあげたのは、1956年マリブ、1961年ベルエア、1964年サンタバーバラ、1965年ワッツの山火事だ。1989年に書いた

「ファイヤー・シーズン」ではさらに1968年、1970年、1975年、1978年、1979年、1980年、1982年の山火事も追加している。「郡が山火事の記録をとりはじめた1919年以降、8回焼けた区域もある」

この頻度を見れば、山火事はいくら心配してもしすぎることはないとわかる。かといって、誰もが目の前の山火事に気が動転し、パニックに陥るのもよろしくない。山火事とひと口にいってもいろいろだ。カリフォルニア州で歴代最悪の20件のうち、5件は2017年秋に発生している。[※4]この年は9000件もの山火事が発生しており、5200平方キロメートルが灰になった。[※5]

2017年10月、北カリフォルニアではわずか2日間に172件の山火事が起きた。[※6]その猛威について地元2紙が伝えている。どちらも熟年夫婦が自宅プールに飛びこんでやり過ごすあいだに、家は炎に飲みこまれた。いっぽうの夫婦は6時間の試練に耐えたが、自宅は灰燼《かいじん》に帰した。[※7]もう一組のほうは、55歳の妻が夫の腕のなかで息を引きとった。[※8]気候変動の恐怖はどこにでもあるだけに、にわかには信じがたい話も生まれてくる。

翌2018年の夏には、別の意味で信じがたいことが起きた。山火事の件数は6000件と減ったものの、メンドシーノ・コンプレックスと名づけられた複合的な山火事だけで2000平方キロメートルを焼きつくした。[※9]カリフォルニア州内の延焼面積は5180平方キロメートル以上になり、煙が州のほぼ半分にたちこめた。[※10]カナダのブリティッシュコロンビア州はもっとひどく、1万2000平方キロメートル以上が燃えた。[※11]煙は大西洋を渡ってヨーロッパに到達する勢いだった。そして11月には、17万人が避難したウールジー・ファイヤーと、キャンプ・ファイヤーが発生した。後者は520平方キロメートル以上が一気に燃えて、町全体があっというまに灰になった。そのため5万人の避難者は、路上で爆発する車の横をすりぬけ、スニーカーの底が融けてアスファルトにくっつきそうになりながら、懸命に走って逃げた。1933年に起きた最悪の山火事、グリフィスパーク・ファイヤーをも塗りかえる規模となったのだ。

これほどの山火事は、少なくともカリフォルニア州では過去にも起きていた。にもかかわらず、空前の惨事と騒ぎたてるのはなぜか？　それは恐怖のレベルが一段上がり、忌まわしい預言が的中して、都市という最後の砦《とりで》まで破られるかもしれないと感じるからだろう。

カトリーナ、サンディ、ハービー、イルマ、マイケル……次々と襲ってくるハリケーンで、洪水の脅威は浸透してきた。だが水の恐怖など序の口だ。先進諸国の大都市では、環境への意識が高い人びとでさえ、ふつうに町を歩き、高速道路で車を飛ばし、商品があふれかえるスーパーマーケットで買い物をして、いつでもどこでもインターネットにつながっている。そんな生活が自然にできあがったと思っているかもしれないが、とんでもない。夢の楽園は不毛の砂漠で一からつくりあげたものだ。都市社会学者マイク・デイビスが巧みな筆で書いているように、ロサンゼルスはつねに「ありえない」都市だった。[※12]州間高速道路405号線の8車線道路が火の海になるなんて、ありえない？　だが文明はちがった方向で不可能を可能にし、あまつさえそれを日常に変えつつある。気候変動とともに私たちが向かっているのは、人間のどんな経験をもってしても想像がつかない、新しい領域の混沌《こんとん》なのだ。

一年中発生する山火事

すさまじい山火事が日常化するのを食いとめる、大きな力が二つある。ただしどちらもありがたいものではない。ひとつは、極端で不安定な気候だ。ひょっとすると10年後には、カリフォルニアの悪夢だった山火事さえ「懐かしい過去」になるかもしれない。

もうひとつは、激しさを増すいっぽうの山火事が、それまで無縁だと思われていた特別な場所までのみこんでいくことだ。2017年に頻発した大規模な火災で、カリフォルニア州のぶどう畑[※13]や高級リゾートの多くが焼け、傲慢《ごうまん》なアメリカン・マネーを象徴するJ・ポール・ゲティ美術館[※14]とルパート・マードックのワイナリーも危ういところだった。子どもたちの夢の国であるディズニーランドは、火が接近するにつれて空が不気味なオレンジ色に染まった。いっぽう地元のゴルフ場では、ウェストコーストの金持ちたちが時間どおりに現われ、山火事を背景に悠然とプレイに興じていた。

2018年には、セレブのキム・カーダシアン一家が避難する姿がインスタグラムで拡散された。さらに、日当1ドルの「囚人消防士」まで動員しないと消火の手が回らない状況のなか、一家が私設消防団を雇った話も伝えられた。

発展途上諸国の一部では、すでに気候変動による荒廃が始まっているが、アメリカは地理的な位置と富の力によって、とりあえず悪影響を受けずにすんでいる。だが世界一の金持ち国といえども、温暖化の波をかぶることは避けられない。いい気味だと思われるだろうが、同時にそれは、環境崩壊が相手を選ばず襲ってくる証拠でもある。迫りくる変化から身を守ることは、ますます困難になっている。

今後はどうなるのか。山火事の件数が増え、延焼面積も広がるいっぽうだろう。アメリカ西部では、1年のうち山火事の多い時期がこの50年で2・5か月長くなった。※15 この10年では、最大規模の山火事のうち9件が2000年以降に発生した。世界的に見ても、山火事の頻発時期は約20パーセント長くなっている。※16 アメリカの山火事で焼けた土地の面積は、1970年とくらべても2倍だ。2050年には、山火事の被害面積はさらに倍になり、場所によっては5倍になるだろう。※17 そして平均気温が1℃上昇するごとに4倍になっていく。つまり今世紀末、気温が3℃上昇というお得意の線引きでいけば、アメリカは山火事で焼ける面積が現在の16倍、1年当たり4万平方キロメートルになる。※18 気温がさらに1℃高くなったら、さらに4倍だ。だが2017年、カリフォルニア州の消防責任者は用語がそもそも時代遅れだと話していた。「われわれは山火事の時期という表現はしていません。一年中ずっとですから」※19

もちろん山火事はアメリカだけではなく、世界全体の問題だ。氷に覆われたグリーンランドでも、2017年に起きた山火事で燃えた面積は2014年の10倍だった。スウェーデンでは、北極圏の森林で火災が発生した。人がほとんどいない場所なので問題ないと思うかもしれないが、低緯度地域より火の広がりが速い。煤《すす》と灰が氷床に落ちて黒ずむと、太陽光線の吸収が上がって融解が加速する。[※20] 2018年にはロシアとフィンランドの国境地帯でも山火事が起きているし、同じ年の夏にシベリアで発生した山火事の煙は、遠くアメリカ本土にまで達した。そのころギリシャでも21世紀に入って二番目の山火事が沿岸部を襲い、99人の死者を出した。あるリゾートでは数十人の宿泊客が狭い石段をおりて逃げようとしたものの、途中で炎に飲みこまれ、抱きあうようにして息たえたという。[※21]

大規模な山火事の影響は単純な足し算ではすまない。それまでと異なる新しい生態サイクルが始まるからだ。たとえばカリフォルニアの場合、乾燥が進み、山火事が増えるいっぽうで、意外なことに雨も多くなると科学者は警告する。1862年1月のような大洪水が3倍に増えるというのだ。[※22] そうなると怖いのが土石流だろう。1862年の大洪水では、山から海に向かう岩屑《いわくず》で一面が茶色い川のようになり、サンタバーバラの低い土地の家々に押しよせたという。ある父親は気が動転しながらも、幼い子どもたちを台所の大理石のカウンターにのせた。家でいちばん頑丈なつくりだからだ。次の瞬間、さっきまで子どもたちがいた寝室に巨大な岩石が飛びこんできたという。だが助からなかった子どももいた。幼稚園に通っていた男の子は、自宅から3キロメートル離れた海辺近くの線路跡で発見された。繰りかえし押しよせる泥流で3キロメートルも流されたのだ。

世界では毎年26〜60万人が山火事の煙で死んでいる。[※23] カナダでの山火事は、アメリカ東海岸の入院患者を急増させた。[※24] コロラド州の上水道は、２００2年に起きた山火事の降下物で長く汚染が続いた。２０１4年、カナダのノースウェスト準州で発生した山火事の煙は空を覆いつくし、呼吸器系の疾患で受診する人が42パーセント増えた。[※25] それだけでなく、個人の生活観にも深い影を落とすと指摘する研究も発表された。筆頭研究者はその後こう語っている。「人びとが最も強く感じたのは孤独でした。[※26] ここから抜けだせないという感覚です。煙だらけで、どこにも逃げ場がないのです」

森林が二酸化炭素を排出

自然の作用にしろ、山火事にしろ、人が切りたおすにしろ、樹木の生命が尽きると、内部にためこまれていた二酸化炭素が放出される。それは何世紀も続くことがあり、そういう意味では石炭に似ている。山火事は最も恐ろしい気候のフィードバックを引きおこす――カーボンシンク（炭素吸収源）の代表格である森林が、排出源に転じてしまうのだ。とりわけ影響が顕著なのは、泥炭地帯の森林が燃えるときだ。１９９7年に起きたインドネシアの泥炭地火災では、26億トンの二酸化炭素が大気中に放出された。[※27] 世界全体の年間平均量の40パーセントである。火災が増えれば温暖化が進み、さらに火災が増える。カリフォルニア州は積極的な環境政策で削った排出量が、1回の山火事であっけなく帳消しになりかねない。[※28] それぐらいの規模の山火事がほぼ毎年発生しているとなると、技術を駆使し、意識改革を進めて排出を減らす努力も水の泡となる。アマゾンでは、「100年に一度の旱魃」が5年間に二度も起きている。[※29] 2017年には、森林火災が10万件も発生していることが確認された。
地球の森林全体が吸収する二酸化炭素の4分の1は、アマゾンの樹木が担っている。[※30] 2018年にブラジル大統領に選出されたジャイール・ボルソナーロは、開発のために雨林の扉を開けると公約していた――つまり森林破壊だ。ひとりの人間がそこまで地球を壊してよいのか？ ブラジルの科学者グループは、ボルソナーロが推進する森林破壊で、2021〜2030年に排出される二酸化炭素は131億2000万トンになると計算する。[※31] アメリカが2017年に出した二酸化炭素は50億トンだった。一国の政策が、飛行機から自動車、石炭による火力発電までひっくるめたアメリカ経済の2倍、3倍もの打撃を地球に与えることになるのだ。いま世界最大の二酸化炭素排出国である中国でも、2017年の排出量は91億トンである。ボルソナーロの政策は、仮にそれが1年で起きたとすると、世界の温暖化問題に中国とアメリカがもうひとつずつ加わるようなものだ。
世界の二酸化炭素排出の約12パーセントは、森林破壊が原因だ。[※32] 山火事は25パーセントである。[※33] 森林の土壌がメタンを吸収する能力は、わずか30年で77パーセントも低下した。[※34] 熱帯林の破壊がこのまま進むと、化石燃料による二酸化炭素排出をいますぐやめたとしても、地球の平均気温はいまより1・5℃上昇すると考える研究者もいる。[※35]
歴史を振りかえると、1861〜2000年までの二酸化炭素排出の30パーセントは、森林の伐採と土地開発によるものだった。[※36] 森林伐採が1平方キロメートル広がるごとに、マラリア患者が27人増えるという試算もある。[※37] 樹木がなくなることで、病気を媒介する蚊が繁殖しやすくなるからだ。

山火事だけの話ではない。気候変動のどの現象も、同様の悪循環を引きおこす危険がある。燃えさかる炎も恐ろしいが、おかしくなった気候のドミノ倒しが始まると、それまで誰もが安全だと信じきっていたものが牙をむきはじめる。空気が毒を帯び、懐かしいわが家が住む人を傷つけ、道路が死の罠になるのだ。牧歌的な風景に惹《ひ》かれて、昔から人びとが集まってきた山岳地帯も、無差別殺人鬼へと姿を変えるだろう。気候が不安定になればなるほど、殺戮《さつりく》は繰りかえされる。

第10章　自然災害が日常に

人間にとって、天気の変化は未来の予言だった。過去の過ちに天罰が下ると考えていたのだ。平均気温が4℃高くなった世界では天災が頻発するあまり、もはやただの「気象」になる。昔は台風、竜巻、洪水、旱魃といった気候事象が、文明を破壊することもあった。これからは最大級のハリケーンがしょっちゅう襲来し、強さの分類を追加する必要が出てくるだろう。最強の竜巻も何度も発生して、[※1] その爪痕《つめあと》はますます長く、広い範囲におよぶだろう。[※2] 雹《ひょう》も従来の4倍という巨大なものが降ってくるにちがいない。

　初期の博物学では、「ディープ・タイム」が語られることが多かった。壮大な渓谷や岩床が少しずつできあがっていく悠久の時間のことだ。だが歴史が加速すれば、視点も変わる。これからの私たちを待ちうけるのは、ビクトリア朝時代の人類学者にオーストラリア先住民が語ったような、「ドリームタイム」「すべての時間」かもしれない。祖先や英雄や半神たちが叙事詩の舞台にひしめきあっていた、はるかな過去に対峙する半神話的な経験だ。氷山が崩壊して海に落下する映像を見るときがそうだろう――過去から続くすべての歴史が動く瞬間である。

2017年夏の北半球は、かつてない極端な気候が続いた。大西洋では巨大ハリケーンがたてつづけに3回も発生している。[※3] ハリケーン・ハービーがもたらした「50万年に一度」の豪雨は、テキサス州ヒューストンで降水量が760ミリにもなった。[※4] カリフォルニア州では山火事が9000件発生し、4000平方キロメートル以上を灰にした。グリーンランドの山火事発生件数は2014年の10倍以上だった。南アジアでは洪水が頻発して4500万人が家を失った。

ところが2018年の夏も記録破りで、[※5] 2017年が牧歌的に思えるほどだった。前例のない強烈な熱波が世界的に発生し、ロサンゼルスで42℃、パキスタンで50℃、アルジェリアで51℃を記録した。勢力の強い熱帯低気圧が一度に6個レーダーに映り、そのひとつである台風22号はフィリピンと香港に上陸、100人近い死者と10億ドルの被害を出している。ハリケーン・フローレンスが上陸したノースカロライナ州は年間降水量が2倍以上にはねあがり、50人以上の死者と170億ドルの被害をこうむった。スウェーデンでは北極圏あたりまで山火事が発生し、アメリカ西部でも広範囲に山火事が起きて、大陸の半分が火や煙と戦わねばならない状態だった。延焼面積は6000平方キロメートル以上にもなり、ヨセミテ国立公園も一部が閉鎖された。モンタナ州北部のグレイシャー国立公園では、気温が37・8℃まで上昇した。1850年には公園一帯に150の氷河があったが、いまでは26か所を残してみんな融けてしまった。[※6]

「史上最悪」が頻発

だが２０４０年を迎えるころには、２０１８年のような夏が当たり前になるだろう。当たり前だが「正常」ではない。それは崩壊していく気候が見せる行きすぎた現象であり、急速に進む気候変動の大きな特徴でもある。予測の範囲を大きくはずれた、起こりえないはずの現象が何度も発生し、災害を定義しなおす必要に迫られる。欧州科学アカデミー諮問委員会（ＥＡＳＡＣ）によると、すでに暴風雨の発生件数は１９８０年の2倍になっている。[※7] ニューヨークは「５００年に一度」の洪水が、今後は25年に一度起きると推測される。[※8] 海面が上昇する地域となると、頻度がさらに高くなる場所も出てくる。こうして極端な気候がますます加速していき、昔は１００年に一度ぐらいしか起こらなかった災害が、10～20年に一度の割合で発生するようになる。ハワイのイースト島は、たった一度のハリケーンのせいで、わずか2日ほどで海中に消えてしまった。

暖かい空気は、冷たい空気よりたくさんの水蒸気を保持できることを考えると、豪雨、雨爆弾などと呼ばれる激しい降雨は仕組みがハリケーンより単純だ。アメリカの場合、20世紀半ばにくらべると集中豪雨の回数がすでに40パーセント増えている。[※9] 北東部だけなら71パーセントだ。[※10] 地球上でいちばん雨が降る場所のひとつ、ハワイのカウアイ島は、津波やハリケーンにもたびたび見舞われているが、２０１８年4月、気候変動の影響を受けた集中豪雨が発生した。[※11] 雨は雨量計を破壊する勢いだったので、アメリカ国立気象局は24時間に１２７０ミリという推計値を出すしかなかった。

極端な気候という点では、私たちはすでに過去に前例のない時代に生きている。アメリカでは毎日のように頻発する雷雨の被害額が、１９８０年代にくらべて7倍にはねあがった。[※12] 雷雨による停電は、２００３年からでも2倍に増えている。ハリケーン・イルマが発生したときは、勢いがあまりに強いため、一部の気象学者がカテゴリー６の新設を提案したほどだった。[※13] その後すぐハリケーン・マリアも発生し、カリブ海の島々は1週間に二度も暴風雨に襲われた。プエルトリコでは島の大部分で電気も水道も止まり、農地も水びたしになって、ある農夫は来年は食料生産がゼロになると嘆いた。[※14]

ハリケーン・マリアは、気候変動に対する私たちの意識の低さも浮きぼりにした。プエルトリコはアメリカ合衆国の自治連邦区であり、住民はアメリカ国籍を持つ。本土からも距離が近く、毎年多くのアメリカ人が島を訪れる。それなのにプエルトリコがハリケーンの襲来を受けたとき、アメリカ人の多くはよその国の話として関心を向けなかった。トランプ大統領も、テレビのトークショーでもほとんど話題にしない。ハリケーンが島を横断して数日後には、ニューヨーク・タイムズ紙の一面からもはずれた。トランプは勇敢なサンフアン市長と対立したあげく、プエルトリコ訪問時には、電気も水道もまだ使えない人びとに向かってペーパータオルを放りなげて物議をかもした。それをきっかけに、人びとはプエルトリコの惨状に目を向けるようになったが、それでもアメリカ本土で起きた自然災害にくらべると関心はわずかだ。「人新世に増加する災害に対する支配階級の姿勢がここからうかがえる」[※15]。ニュースクール大学の文化理論学者マッケンジー・ウォークは書いている。「自力でがんばれということだ」
これからは、過去に例のなかったことが急速に日常化していく。2012年にニューヨークの広範囲が浸水したハリケーン・サンディを覚えているだろうか。2100年には、これと同等の洪水の頻度が17倍以上に増えると言われている。[※16]2005年のハリケーン・カトリーナ級でも頻度は2倍だ。[※17]地球の平均気温が1℃上昇するだけで、カテゴリー4から5のハリケーンが25〜30パーセント増えるとされる。[※18]フィリピンは2006〜2013年の8年間だけで、75回も自然災害に見舞われた。[※19]アジアではこの40年間に台風の威力が12〜15パーセントも強まり、カテゴリー4ないし5に相当する暴風雨の割合が2倍、地域によっては3倍に増加している。[※20]アジアの巨大都市がこうむった暴風雨の被害額は、2005年には3兆ドルだったが、2070年には350兆ドルにふくれあがるだろう。[※21]
それなのに暴風雨対策への投資はお寒いかぎりで、ハリケーンの通り道にせっせと建物を増やしている。災害のしっぺ返しを受けるのは後の世代なのに。それどころか、ハリケーンの被害を受けやすいヒューストンやニューオーリンズでは、巨大ハリケーンが来るたびに天然の排水システムをコンクリートでせきとめているのだ。さらには「開発」と称して沼沢地を干拓し、脆弱《ぜいじゃく》な氾濫原の上にいきなり町を建設している。人新世においては、「自然災害」の定義にも疑問符がつきそうだ。
歴史が一瞬で生まれるような気候現象は、海岸沿いだけでなく、遠い内陸に住む人びとの生活にも影を落とす。北極が温暖化するにつれて、近辺では猛吹雪がたけりくるう。[※22] アメリカ北東部は2010年、2014年、2016年にそれぞれスノーポカリプス、スノーマゲドン、スノージラと呼ばれる大雪になった。

暖かい季節も例外ではない。アメリカの地方部では、2011年4月の1か月間に竜巻が758個発生した。[※23] 4月の過去の記録は267個、月を問わなければ最高記録は542個だった。5月にも竜巻ラッシュが起こり、ミズーリ州ジョプリンでは138名が死亡している。気候変動で竜巻が増加するのか、竜巻が移動して被害をおよぼす範囲がより長く、広くなるのか、科学的にはまだ断定できない。竜巻の発生源と目《もく》される雷雨の日数が、2100年には最大40パーセント増えるという推定もある。[※24] アメリカ地質調査所——保守色の強い連邦機関のなかでも危機感の薄いところだ——は、最近「アークストーム（ARkStorm）」と題した自然災害シミュレーション動画を製作した。冬の嵐がカリフォルニアを襲い、セントラル・バレー川の氾濫で幅32キロメートル、長さ480キロメートルにわたって浸水する。ロサンゼルス、オレンジ郡、ベイエリアではさらに破壊的な洪水が起こって、100万人以上が避難を余儀なくされる。毎秒27メートルの風が吹きあれ、ところによってはハリケーン並みの毎秒56メートルに達する。シエラネバダ山脈では地すべりが発生するだろう。想定される損害額は7250億ドル。[※25] 州民が懸念するカリフォルニア大地震、通称「ビッグ・ワン」で予想される金額の3倍近い。

昔は、こうした災害は人智を超えた力が不可解な理屈で起こすとされていた。いまはレーダーや人工衛星で動きをとらえることはできても、現象どうしの関係も含めて、納得のいく形で説明することはできない。誰の筋書きでも、誰のせいでもないハリケーンや山火事、竜巻に打ちのめされたあとは、無神論者も不可知論者も思わず「神のみわざ」とつぶやくだろう。だがこれからは、もう「神のみわざ」ではすまなくなる。

「500年に一度」が「10年に一度」に

かつては天災だったことが、いつもの天気の一部となる。そんな考えが浸透したとしても、もたらされる被害と絶望がやわらぐわけではない。そしてここでもドミノ倒しのような連鎖反応が起きる。ハリケーン・ハービーの上陸が予想されたとき、テキサス州ヒューストンにある大気汚染モニターが破壊されるのを恐れて電源を切った。市内の石油化学工場から「耐えがたい」悪臭が漂いはじめたのは、それからまもなくだ。[※26] その工場から出た１９０万立方メートルもの工業廃水がガルベストン湾に流れこんだ。[※27] 結局ガソリン１７４万リットル、原油23・6トン、それに猛毒の塩化水素など10種類もの有害物質が、たった1個のハリケーンで流出したのである。

海岸沿いに東に位置するニューオーリンズは直撃をまぬがれたものの、２００５年8月5日の暴風雨で損害を受けた排水設備が完全に復旧していなかった。[※28] 同月末にハリケーン・カトリーナが上陸した当時、ニューオーリンズはすでに斜陽だった。人口も１９６０年の60万人が最高で、２０００年の段階で48万人まで減少しており、[※29] カトリーナによって23万人まで落ちこんだ。[※30]

ヒューストンは少し事情が異なる。2017年に最も成長著しい都市圏のひとつだったヒューストンは、[※31]郊外の発展も目覚ましく、[※32]人口もニューオーリンズの5倍だ。[※33]この数十年に流入した新住民の多くが、気候変動の理解を阻み、二酸化炭素排出削減の努力に水を差してきた石油関連の仕事をしているのは皮肉な話だ。[※34]いま現役で働いている人たちは、定年を迎える前に「500年に一度のハリケーン」をふたたび体験するにちがいない。ヒューストン沖に何百本と立つ石油プラットフォームも、耐用年数が来て引退する前にそんなハリケーンを目撃することになる。

「500年に一度」という言いかたは、回復力を考えるときにとても役にたつ。すっかり破壊され、苦悩を背負う町も、充分に富があり、政治が安定していて、再建の必要性があれば、立ちなおることができる――ただし50年に1回ぐらいまで。これが10年に一度、20年に一度となると、たとえヒューストン都市圏ほど裕福なところでも話は別だ。ニューオーリンズは、十数年前にハリケーン・カトリーナの打撃が強すぎて、まだ足どりがおぼつかない。市内のロウワー・ナインス・ワード地区は住民が3分の1に減ってしまった。[※35]追いうちをかけるように、海面の上昇が進んでルイジアナ州沿岸部は海に飲みこまれつつあり、[※36]すでに5200平方キロメートルが消失した。[※37]1時間にフットボール場ひとつ分の土地が失われている計算だ。フロリダ州のフロリダ・キーズは、総額10億ドルでかさ上げ工事をしないと240キロメートルの道路が水没するだろう。だが地元自治体の2018年の道路予算は、わずか250万ドルだ。[※38]

貧しい国や地域は、カトリーナ、イルマ、ハービーといった巨大ハリケーンに何度となく襲われたらもはや立ちなおれない。人びとは出ていくだけだ。プエルトリコがハリケーン・マリアの被害を受けたときは、大勢の住民がフロリダ州に押しよせた。[※39] フロリダなら大丈夫と思ったのだろうが、あいにくここも少しずつ地面が海中に消えている。

第11章　水不足の脅威

地球の表面は70パーセントが水に覆われている。[※1] そのうち淡水の割合は2パーセント強。[※2] しかし大半は氷河の形で存在しており、水として使えるのはわずか1パーセントだけだ。ナショナルジオグラフィック誌の計算では、地球上の水の0・007パーセントが70億人の生命を支えているという。[※3]

飲み水が不足すると聞くだけでのどが渇いてくるが、実のところ人体が摂取する分は、必要な全体量のなかでほんの少しだ。淡水の70〜80パーセントは食料生産と農業で使われ、[※4] 残り10〜20パーセントは工業用水になる。それに飲み水不足を引きおこす主要因は気候変動ではない。たった0・007パーセントでも、70億人を充分に支えられる。90億人、いやもう少し増えても大丈夫だろう。ただし、世界の人口は今世紀中に90億の壁を突破して、100億ないしは120億人に到達する。いちばん増加率が高いのは、すでに水不足にあえぐ地域、すなわちアフリカの都市部である。多くのアフリカ諸国では、ひとり当たり1日20リットルの水で生活している。[※5] 公衆衛生を保つうえで必要とされる量の半分にもならない。[※6] 2030年には、世界の水需要は供給を40

パーセント上回ると予測される。[※7]

水資源の危機は政治的なものだ――つまり不可避でも必要悪でもなく、対処できないわけでもない。ただそのときどきの選挙に振りまわされるということ。政府の怠慢や無関心、劣悪なインフラ、汚染、無計画な都市化と開発が豊富な資源を食いつぶす。そんな環境問題の悪夢がここにもある。起きる必要のない危機が起きていて、解決に向けた努力もしていないのが現状なのだ。

都市によっては水道管の漏水がひどく、各家庭への供給量を上回っている。アメリカでは淡水資源の16パーセントが漏水と盗難で失われているという。[※8]ブラジルの場合は40パーセントだ。[※9]どちらの場合も、持てる者と持たざる者の格差があまりに露骨である。資源が巧みな操作で独占され、不正も横行して、もはや競争にすらならない。水資源が不平等の道具になっている。[※10]その結果、世界では21億人が安全な飲み水を入手できず、[※11]45億人が安全な水で清潔を保つことができなくなっている。[※12]

地球温暖化と同じく、水資源の危機も解決できる問題だ。少なくともいまのところは。ただ0・007パーセントではあまりに心ぼそいし、気候変動の影響も入ってくる。世界の人口の半分は、高地の雪や氷が融けた水に頼っているのだが、温暖化によってそれも危うくなりつつある。[※13]パリ協定の目標を達成できたとしても、ヒマラヤ山脈の氷河は2100年までに40パーセント、あるいはそれ以上消失する。[※14]氷河が融けてしまうと、ペルーやカリフォルニアでも水不足が拡大するだろう。気温が4℃上昇したら、[※15]アルプス山脈を覆う雪は70パーセントが消え、[※16]モロッコのアトラス山脈のような風景になる。２０２０年には、２億５０００万人のアフリカ人が気候変動による水不足に直面するだろう。[※17] ２０５０年になると、アジアだけで10億人が水不足に陥り、[※18] さらに世界銀行の予測では、世界中の都市部で利用できる水がいまの3分の2まで落ちこむ。[※19] 同じく２０５０年には、50億人が水資源を充分に活用できない状態に陥ると国連は予測している。[※20]

もちろんアメリカも例外ではない。人口が急増しているアリゾナ州フェニックスは、すでに水不足対応のための緊急計画づくりに入っている。[※21] ロンドンでさえ水不足が懸念されはじめているほどだ。[※22] ただアメリカの富をもってすれば、急場しのぎの対策も、短期的な追加供給もやれるはず。だから打撃はそれほど大きくない。

インドはというと、２０１８年の政府報告書ではすでに6億人が「重度から極度の水ストレス」にさらされており、[※23] 水不足や水汚染で毎年20万人が命を落としているという。２０３０年には、必要量の半分の水しか手に入らなくなる。パキスタンは１９４７年の建国当時、国民ひとり当たりの年間使用可能水量が５０００立方メートルだった。[※24] しかし人口が増えた現在は１０００立方メートルまで減っている。このまま人口増加と気候変動が続けば、最悪４００立方メートルになるだろう。

世界中にある巨大湖の多くは、この１００年でどんどん干上がっている。中央アジアのアラル海はかつて世界第四の湖だったのに、数十年で10パーセント弱に縮小した。[※25] ラスベガスの水がめであるミード湖は、１年で15億トンの水が失われている。ボリビアで二番目に大きいポオポ湖は完全に消滅し、[※26]イランのオルーミーイェ湖は30年間で80パーセント以上縮小した。[※27]アフリカ大陸中央部にあるチャド湖もほぼ干上がっている。[※28]湖が消えていく原因はひとつではないが、気候変動の影響が年々大きくなっていることはまちがいない。

消滅をまぬがれた湖も、状況は悲惨だ。中国の太湖《たいこ》は、2007年に高い水温を好む細菌が異常繁殖して水質が低下し、200万人への飲み水の供給が危うくなった。[※29]東アフリカのタンガニーカ湖でとれる魚は、周辺4か国の数百万人の貴重な栄養源だが、近年は水温上昇で漁獲高が激減している。[※30]

淡水湖はメタン発生源でもあり、自然界から排出されるメタン全体の16パーセントを占める。[※31]気候変動で水生植物の成長が加速すると、排出量は今後50年で2倍になると予測される。[※32]

てっとりばやい水不足対策として地下水の汲みあげもさかんに行なわれているが、数百万年かけて形成されてきた帯水層《たいすいそう》は、一度からっぽになるとすぐには復活できない。アメリカの場合、水需要の5分の1は地下水でまかなっている。[※33]ジャーナリストのブライアン・クラーク・ハワードは、昔は150メートルも掘れば水が湧いた井戸も、いまは2倍掘りさげる必要があると書いている。[※34] 7つの州に水を供給しているコロラド川流域では、2004年から2013年までに500億トンの地下水が失われた。[※35]アメリカの8州にまたがる世界最大級のオガララ帯水層は、テキサス州最北部での地下水位が10年間で4・6メートルも低下した。[※36]カンザス州では、50年後には70パーセントの地下水が失われるという。[※37]インドでは21都市の地下水が2年以内に枯渇すると

予測されている。※38

総人口の3分の2がすでに水不足

2018年3月。南アフリカ、ケープタウンの「その日」がじわじわと近づいていた。※39 数十年ぶりの厳しい日照りが何か月も続いていたから、蛇口をひねっても水が一滴も出なくなる日が来ることは予想がついていた。

先進国の大都市で、最新設備がそろったマンションで生活していると、そんな日が来るとはとても信じられない。ほしいものが、ほしいときに、ほしいだけ手に入る豊かさが永遠に続く——世界の多くの都市はそんな幻想に染まっている。水は無尽蔵という思いこみは、その最たるものだ。台所で、浴室で、トイレで遠慮なく水を使えるのは、相当の費用と労力をかけた結果なのだ。

ケープタウンの渇水は、くすぶっていた対立感情を先鋭化させた。当時ケープタウンに住んでいた作家で写真家のアダム・ウェルツは、地域のなにげない問題を舞台で派手に上演したようなものだったと書いている。※40 裕福な白人たちは、貧しい黒人たちが水道を垂れ流しにしていると嘆く。黒人は水道が流れっぱなしでも無頓着だし、公共の水道を勝手に使って商売をしているというSNSの書きこみが炎上する。いっぽう黒人たちは、白人はプールと芝生の庭がついた郊外の家に住み、「高級ショッピングモールのトイレを盛大に流す」と非難の目を向ける。連邦政府の無関心ぶりに陰謀説まで飛びだす始末だ。これらすべてが、「自らは行動しない」ことへの言い訳になっていく。環境問題がもたらす危機的状況には、コミュニティ全体でとりくまなくてはならないのに。とうとうケープタウン市長が、ひとり当たりの水道使用量を1日23ガロン（87リットル）と制限したにもかかわらず、市民の64パーセントが守っていないと発表する事態になった。

ちなみにアメリカ人が1日に使う水はこの4~5倍だ。モルモン教徒が地上の楽園を夢見て砂漠に入植したユタ州は、ひとり当たり1日248ガロン（939リットル）使う。[※41]

2018年2月、ケープタウンの水道使用制限はひとり当たり13ガロン（49リットル）に引きさげられ、軍が水道施設の警備に入った。

ただ個人の責任ばかり問うのは、本質的な問題から目をそらすことになる。たしかに市民ひとり当たりの水道消費量は目が届きやすいし、水の節約は現代の美徳でもある。だがそれで削減できる量は微々たるものだ。水資源に関していえば、生活用水が占める割合はほんの少し。よほど深刻な渇水でないかぎり影響はない。そもそも南アフリカには、自宅に水道がない人が900万人いる。[※42] 彼らの需要を満たすのに必要な水の量は、国内のワイン用ぶどう栽培で使われる量の3分の1だ。[※43] 同じく水不足でプールや芝生が槍玉《やりだま》にあがるアメリカのカリフォルニア州でも、都市部の生活用水は消費量全体の10パーセントにすぎない。[※44]

ケープタウンは危機をぎりぎりで回避できた。水道の大幅な使用制限を断行し、乾季が終わったおかげだ。それでも市民は、いつかやってくる「その日」を真剣に考えたにちがいない。2年間日照りが続いたサンパウロでは、2015年に1日12時間の給水制限が実施された。[※45] 多くの企業は仕事にならず、社員に自宅待機を命じた。[※46] ２００８年のバルセロナは史上最悪の渇水に直面し、フランスから飲み水を買わなくてはならなかった。[※47] オーストラリア南部では、１９９６年の少雨をきっかけに「ミレニアム旱魃」が始まった。[※48] ２００１年からの旱魃は実に８年間続き、２０１０年のラニーニャ現象で雨が降ってようやく終止符が打たれた。米と綿の生産量はそれぞれ99パーセントと84パーセント減少し、[※49] 河川と湖は干上がり、湿地は酸性に転じた。[※50] インドのシムラーというと、イギリス統治時代に「夏の首都」に定められた避暑地だが、２０１８年には5月と6月に断水が続いた。[※51]

水不足の打撃を最も受けるのは農業だが、水問題は田園地帯だけの話ではない。世界の大都市20のうち14では、いままさに水不足の状況にある。1年のうち少なくとも1か月は水不足生活という人は40億人。世界の総人口のおよそ3分の2だ。水不足解消のめどが立たない地域に暮らすのは5億人。平均気温が1℃上昇したら、1年のうち1か月は水不足に陥る地域は拡大し、アメリカのテキサス州より西、カナダ西部、南はメキシコシティまで広がるだろう。[※52] 北アフリカと中東はほぼ全域、インドの大部分、オーストラリアも全部、アルゼンチンとチリのかなりの地域、アフリカ大陸のザンビア以南も同様だ。

急増する水戦争

北極圏の氷の融解、海面上昇、海岸浸食――気候変動というと、海に関係するキーワードが前面に出てくる。しかし、生命の存続に直接関わってくる淡水資源の危機のほうが、より切実であり、身近であるはずだ。世界のすべての人に飲み水と生活用水が行きわたるだけの水資源は、地球上に充分存在する。にもかかわらずそうなっていないのは、政治がやろうとしないからだ。

世界の食料供給体制が必要とする水は、30年後にはいまの約50パーセント増になっているだろう。[※53]都市部と産業活動の水需要は50〜70パーセント、エネルギー生産で使う水は85パーセントも増える。しかも気候変動と、それがもたらす大旱魃によって、水の供給が先細っていくことはまちがいない。世界銀行は、水資源と気候変動をテーマにした研究報告書「ハイ・アンド・ドライ」のなかで、「気候変動の影響は、主に水循環を通じて広がっていくだろう」と述べている。[※54]気候変動の連鎖反応を考えると、エネルギー節約に加えて節水は差しせまった問題であり、重要な課題だと世界銀行は指摘する。水資源の不適切な配分は経済に悪影響を与え、GDPでいうと中東では14パーセント、アフリカのサヘル地域で12パーセント、中央アジアで11パーセント、東アジアで7パーセント低下するという。[※55]

ただGDPは環境コストの物差しとしては大雑把《おおざっぱ》すぎる。水問題の専門家であるパシフィック研究所のピーター・グリックは、人類の歴史のなかで水争いがきっかけの戦争を丹念に拾いだしているが、その数の多さに愕然《がくぜん》とする。[※56]最も古いものは、紀元前3000年に古代シュメール人が崇めた水の神エンキの伝説だ。1900年からは500件、そのうちほぼ半数が2010年以降に起きている。最近のほうが情報を集めやすいこともあるが、戦争自体も変容しているとグリックは指摘する。昔は国と国がぶつかりあうのが戦争だったが、国家の権威が低下するにつれ、国内での衝突や、国の枠を超えた利害集団の摩擦が増えてきた。２００６〜２０１１年まで続いたシリアの旱魃が政情不安を引きおこし、ついには内戦に発展して大量の難民が発生したことは記憶に新しい。グリックが注目するのは、２０１５年からイエメンで起きている奇妙な戦争だ。形のうえでは内戦なのだが、実態はサウジアラビアとイランの代理戦争であり、さらにはアメリカとロシアも関与するミニ版世界戦争でもある。２０１７年には水道施設がねらい撃ちにされたこともあって、コレラの大流行が始まり、現在までの累計患者数は１００万人を超えている。[※57]毎年総人口の４パーセント近くがコレラにかかっている計算だ。

「水問題の研究者はよくこんなことを言います」。グリックは私に教えてくれた。「気候変動がサメだとしたら、水資源はその鋭い歯だ」

第12章 死にゆく海

どこまでも深く、漆黒の闇が広がる謎に満ちた海。地球にいながらにして、宇宙空間を感じられる。海のことをいったい誰が知っている？——レイチェル・カーソンは随筆「海のなか」でそう書いている。人間による自然環境の冒瀆《ぼうとく》を告発した『沈黙の春』（新潮社）が発表されるのは、それから25年後のことだ。「海のなか」はこう続く。

泡だちながら勢いよく押しよせる波が、潮だまりで海藻に身を隠すカニに何度も打ちつける。大洋の長くゆったりしたうねりのなかで、魚の群れは獲物をねらったり、獲物になったりしながらさまよい、波間を破って飛びだしたイルカが海上の空気を思いきり吸いこむ。陸地に縛られた感覚のあなたや私は、そんなことを知る由もない。※1

だが海は未知の存在ではなく、私たちそのものだ。水は陸上の生き物にとって、海辺のお楽しみではない。地球の表面積の70パーセントは水であり、水は地球環境の大部分を圧倒的に支配している。[※2] 海は私たちを養ってもいる。人が摂取する動物性タンパク質のおよそ5分の1は海産物だし、沿岸地域になるとその割合はもっと高くなる。[※3] 海はメキシコ湾流など太古からの海流を通じて、地球の四季をつかさどっているし、太陽熱の多くを吸収して地球の温度を調節している。

いや、「養ってきた」「つかさどってきた」「調節してきた」とするほうが正確かもしれない。地球温暖化でこれらの働きがおかしくなっているからだ。魚たちは水が冷たい海域を求めて北上を開始した。[※4] カレイはアメリカ東海岸から400キロメートル移動している。ヨーロッパのサバ漁船はEUの操業制限もどこへやら、群れをひたすら追いかけている。人間が海洋生物におよぼした影響を調べた研究では、無傷のままの海は全体の13パーセントしかないことがわかった。[※5] なかでも北極海は温暖化によって様変わりが著しく、そのうち「北極」とは呼べなくなるのではと研究者たちは気をもんでいる。[※6] 気候変動が海に引きおこす変化というと、海面の上昇と沿岸部の浸水がまず懸念されるが、心配なのはもちろんそれだけではない。

海洋は、人間が排出する二酸化炭素の4分の1以上を吸収している。[※7] この50年間は、地球を暖める余分な熱の90パーセントも吸収してきた。[※8] 海が抱えこむ熱エネルギーは、2000年にくらべると少なくとも15パーセントは増えており、全体では化石燃料の埋蔵量の3倍の熱を20年間で吸収したことになる。[※9] 二酸化炭素の吸収の結果、「海洋酸性化」という現象が起きている。酸性化で植物プランクトンが減少することにより大気への硫黄の放出が減って雲の生成も減ることを通じて、海洋酸性化は0・25℃～0・5℃の温暖化を引きおこす。

海の「デッド・ゾーン」の急増

サンゴの白化《はっか》現象をご存じだろうか。かんたんに言えばサンゴが死ぬことだ。サンゴが生きるためのエネルギーの90パーセントは、共生する褐虫藻《かっちゅうそう》という原生動物が光合成を通じてつくりだしている。[※10]ところが海水温が上昇すると、褐虫藻がサンゴから逃げだしてしまうのだ。サンゴはそれ自体が複雑な生態系を構成しており、褐虫藻はいわば栄養補給係であり、エネルギーサイクルの要《かなめ》でもある。褐虫藻がいなくなると、サンゴはたちまち飢えに直面する。

オーストラリアのグレート・バリア・リーフは、２０１６年から全体のおよそ半分で白化現象が確認されている。[※11]２０１４年から２０１７年にかけて、世界各地でこうしたサンゴの死滅が見られた。[※12]サンゴ礁が激減したことで、水深30〜１５０メートルに研究者が「トワイライトゾーン」と呼ぶ層が出現した。[※13]世界資源研究所によると、水温上昇と酸性化によって、２０３０年には世界のサンゴの90パーセントが脅威にさらされるという。[※14]

これはとても悪い知らせだ。というのもサンゴ礁が生命を支える海洋生物は全体の４分の１にもなり、[※15]さらに5億人の食料源と収入源でもあるからだ。[※16]サンゴ礁は暴風雨による洪水を防ぐ役割も果たしており、インドネシア、フィリピン、マレーシア、キューバ、メキシコに少なくとも年間4億ドルの価値をもたらしている——合計ではなくそれぞれで4億ドルだ。[※17]

海洋酸性化はサンゴだけでなく、魚の生息数にも打撃を与える。漁業資源への影響を正確に把握する方法はまだ確立していないが、海水の酸性度が上がるとカキやムール貝は成長が遅くなり、[※18]

二酸化炭素濃度の上昇は魚の嗅覚を損ねて方向感覚を鈍らせることがわかっている。[19] オーストラリア沿岸では、わずか10年間で魚の数が32パーセントも減少した。[20]

いまは大量絶滅の時代だとよく耳にする。人間の活動のせいで、地球から姿を消す種が最大1000倍も多くなっているというのだ。[21] そしてもうひとつ、海洋無酸素化の時代[22]と言ってもいいだろう。過去50年間で、海水が完全に無酸素化した「デッド・ゾーン」は世界で400か所以上に増え、面積にするとヨーロッパ大陸にほぼ相当する数百万平方キロメートルにもなる。[23] 酸素量が極端に少なく、悪臭を放つ海に悩まされる町も増えている。最大の原因は海水温の上昇だ。暖かい水は酸素が溶けこみにくい。また汚染の影響も無視できない。メキシコ湾に最近出現した2万3300平方キロメートルのデッド・ゾーンは、中西部の工業型農場からミシシッピ川に流れこむ化学肥料が原因だ。2014年には、オハイオ州のトウモロコシと大豆農場で使われた肥料のせいでエリー湖で藻《も》が大繁殖し、トレドという町では水道水が飲用禁止になった。2018年にはアラビア海でフロリダ州の面積に相当する巨大なデッド・ゾーンが発見される。[24] アラビア海の北東、面積16万5000平方キロメートルのオマーン湾全体がデッド・ゾーン化しているという声もある。メキシコ湾のデッド・ゾーンの実に7倍だ。研究者のバスティアン・ケストは「海が窒息している」と話す。

海水の酸素濃度が急激に低下して、海洋生物が死滅し、漁業が成りたたなくなり、デッド・ゾーンが広がる。[25] ナミビア沿岸に伸びるスケルトン・コーストでは、硫化水素が発生して海が泡だっている。難破船の残骸が点在することからその名がついた海岸だが、いまはほんとうに死の海岸になってしまった。硫化水素は、ペルム紀末の大量絶滅の原因になったとも言われる物質だ。独特の臭いがあるので、私たちの鼻は敏感に察知する。

熱循環システム崩壊の危機

海には熱を循環させる大きなベルトコンベヤーの役割がある。メキシコ湾流を例にとると、ノルウェー海の冷たい空気に触れて水温が下がると、海流は底のほうにもぐりこむ。あとから冷やされた海水に押されるようにして海流は南に向かい、大西洋までやってくる。そこで海面付近に上昇し、暖められた海水は北に戻っていくのだ。長いと1000年もかかる壮大な旅だ。[※26]ところが、海流がつくりあげるこの巨大な熱循環システムに、機能不全が起きる恐れがある。

海流が本格的に研究されはじめた1980年代から、海流の機能不全が気候の不均衡を引きおこす懸念は指摘されていた。要するに暑い地域はさらに暑く、寒い地域はいっそう寒くなるということだ。ヨーロッパの冬がいまより厳しくなると聞いても、さほど深刻には思えないかもしれない。そもそもベルトコンベヤーが停止するかどうかは、人類の想像をはるかに超えた長い時間の話だ。とはいえ、ベルトコンベヤーの働きはすでに低下している可能性がある。事実、メキシコ湾流の速度は15パーセント落ちている。[※27]過去1000年間に例のない「大事件」だ。[※28]アメリカ東海岸の海面が、世界のどこよりも上昇していることの要因のひとつがこれだと考えられる。さらに2018年に発表された2本の論文[※29]が、新たな波紋を投げかけた。大西洋南北熱塩循環と呼ばれるベルトコンベヤーの動きが、少なくともこの1500年で最も遅くなっているというのだ。従来の予測より100年も早く起きてしまったこの現象を、気候学者マイケル・マンは不吉にも「臨界点」と呼んでいる。[※30]もちろん変化は今後も続く。地球温暖化によって、まだわからないことだらけの海洋はさらに謎が深まり、予測モデルの仕切りなおしを迫られることになるだろう。

第13章　大気汚染による生命の危機

人間が生きていくためには、肺が酸素をとりこまなくてはならない。だが呼吸する空気のうち酸素の割合はごく少し。しかも大気中の二酸化炭素が増えるにつれて、酸素の居場所がなくなりつつある。それで窒息することはないにしろ、問題が起きることはまちがいない。大気中の二酸化炭素濃度がいまの水準の2倍を超えて、930ppmに達したら、人間の認知能力は21パーセント低下する。[※1]

二酸化炭素の悪影響は、蓄積しやすい室内で顕著になる。窓を閉めきった屋内で一日中過ごすより、散歩に出たほうが頭がすっきりするのはそのためだ。テキサス州で小学校の教室内の二酸化炭素濃度を測定したところ、平均1000ppmという結果が出た。3000ppmを超えていたところが全体の4分の1近くもあったという。[※2]子どもの知的能力を育てる場所でこの数字はかなりまずい。航空機の客室はさらに濃度が高くなるという調査結果もある。たしかに、機内で頭がぼんやりした経験がある人も多いはずだ。

だが二酸化炭素や温暖化は、問題のごく一部にすぎない。地球の大気は、汚れてどんよりと重たくなり、不健康なものになりつつある。旱魃が起こると空気の質はてきめんに落ちる。1920年代に起きたアメリカの砂嵐、通称ダスト・ボウルでは、大量の砂塵《さじん》を吸いこんだことによる肺炎が増えた。これから気候変動で新たな砂嵐が発生すれば、砂塵汚染による死者は2倍以上、入院患者は3倍になるだろう。[※3] 温暖化が進んでオゾン生成が増えれば、21世紀半ばにはオゾンスモッグの発生が70パーセント増えるとアメリカ大気研究センターは予測する。[※4] そして2090年代には、世界で20億人が世界保健機関（WHO）の定める安全基準を満たさない空気を呼吸することになる。[※5] 現時点でも、大気汚染で1日当たり1万人以上が生命を落としているのだ。[※6] それはこれまでに起きた原子炉のメルトダウンによる死者よりはるかに多い。もちろん単純な比較はできないので、すぐに原子力を支持するということではないが。ともかく、炭素汚染は世界に広がっていて、地球が丸ごとすっぽり包まれていると言っても過言ではないのだ。

有鉛ガソリンや鉛含有塗料の使用が、知的障害や犯罪の発生率を大きく押しあげ、学業の達成度や生涯賃金を低下させてきたという過去半世紀の秘密が、最近になって明らかになった。大気汚染の悪影響はもっとはっきりしている。微小粒子状物質に長年さらされた場合、認知能力が「すさまじく」低下すると研究者は警鐘を鳴らす。[※7] もし中国がアメリカ環境保護庁の基準を満たすように大気汚染を改善したら、語彙《ごい》力試験と数学試験の成績はそれぞれ13パーセントと8パーセント向上しているはずだ（温暖化による教室の気温上昇も成績を左右しそうだが）。[※8] 子どもの精神疾患[※9]や高齢者の認知症[※10]に、大気汚染が関係しているという指摘もある。大気汚染がひどい場所で乳児期を過ごした人は、30歳時点での収入や、労働力参加率（有給で働いているかどうか）が低くなる傾向があるという。[※11] 早産や低体重児との関係となるとさらに明確だ。アメリカの都市で、有料道路に自動料金徴収システムを導入しただけで、近隣地域の早産が10・8パーセント、低体重児が11・8パーセント減少した。[※12] 料金所前で車が減速する必要がなくなり、排気ガスが削減されたおかげだろう。

大気汚染の健康被害は身近な脅威になりつつある。2013年に中国北部の空を覆い、1週間も居座ったスモッグは、北極海の氷が融けてアジアの気流循環パターンが変わり、空気が停滞したことが原因だった。[※13] 各種汚染物質の量に応じて、危険度を段階別にまとめた大気質指数（AQI）という物差しがある。警告が始まるのは指数が51〜100の段階で、201〜300だと「一般の人でも呼吸器に影響が出る」という。最高は301〜500で、「心肺疾患患者や高齢者は症状が悪化して早死の恐れがあり、それ以外の人でも呼吸器症状が生じる深刻なリスク」があるとされる。当然、戸外の運動は禁止だ。中国で2013年に起きた「黙示録的大気汚染」はAQIが993にまで達した。[※14] それは19世紀末、工業化時代のヨーロッパに見られた「豆スープの霧」と、最近問題になっているPM2・5などの微小粒子状物質を合わせたような、人類がかつて経験したことのない恐怖のスモッグだ。[※15] 中国では、この年に大気汚染による死者が137万人にのぼった。[※16]

灰色のスモッグがたれこめて太陽も見えない北京の様子に、私たちは何を思ったか。急速な経済成長で世界の大国に躍りでたとはいえ、生活水準の面ではまだまだ遅れている……これを地球全体の問題と受けとった人は多くないはずだ。続いて２０１７年には、カリフォルニア州で記録的な山火事が発生し、サンフランシスコの大気は急速に悪化した。[※17]ナパではＡＱＩが４８６になり、ロサンゼルスではマスクが売りきれた。サンタバーバラ郡では、住宅の下水管に粉塵がたまって、手ですくえるほどだった。２０１８年にシアトルで起きた山火事では、一帯に煙が充満して、屋外で呼吸もままならなかった。[※18]人びとは自らの健康不安が先に立って、２０１７年にデリーのＡＱＩが９９９になった事実を見すごした。[※19]

インドの首都デリーには２６００万人が暮らす。２０１７年、デリーの大気汚染が深刻化し、ふつうに呼吸するだけでタバコを１日２箱以上吸うのと同じ危険度に陥った。[※20]病院の受診者は20パーセント増え、[※21]ハーフマラソンの参加者は白いマスクをつけて走った。汚れた空気は別の危険ももたらす。視界が極端に悪くなって高速道路では玉突き事故が多発し、[※22]ユナイテッド航空はデリー発着の便を運航中止にした。[※23]

たとえ短期間でも微小粒子状物質にさらされると、呼吸器感染症にかかる危険性が劇的に高くなるという研究結果がある。[※24]具体的には１立方メートル当たり10マイクログラム増えるごとに、感染症の診断が15～32パーセント増えるという。高くなるのは血圧も同じだ。２０１７年の医学誌ランセットには、微小粒子状物質に起因する早死が世界全体で９００万人になるという報告が掲載された。[※25]インドだけだと早死の25パーセント以上を占める。これには同じ年に起きた大気汚染の影響は織りこまれていない。

デリーの大気汚染源は周辺農地の野焼きだが、ほかの国ではディーゼルエンジンやガソリンエンジンの排気ガス、および工業活動が発生源となっている。大気汚染の健康への影響は相手を選ばず、脳卒中[※26]、心臓病[※27]、あらゆる種類のガン[※28]、喘息《ぜんそく》をはじめとする急性および慢性の呼吸器疾患[※29]、早産などの異常妊娠[※30]を引きおこす。行動や発達面の影響を調べた新しい研究結果は、もっと恐ろしい。大気汚染は記憶力や注意力、語彙力の低下[※31]、ＡＤＨＤ[※32]と自閉スペクトラム症[※33]とも関連しているというのだ。さらに脳内ニューロン（神経細胞）の発達を阻害することもわかっている[※34]。また石炭工場の近隣に居住している人は、ＤＮＡ異常が起こりやすいとも言われている[※35]。

発展途上国の都市の98パーセントは、ＷＨＯが定めた大気の安全基準を下回っている[※36]。都市部を離れても状況は変わらない。世界の人口の95パーセントは、危険なレベルにまで汚染された空気のなかで毎日呼吸しているのだ[※37]。２０１３年以降、中国は大気浄化作戦に本格的に乗りだしているが、２０１５年時点ではやはり大気汚染で毎年１００万人以上の死者が出ている[※38]。世界全体では、死者６人のうちひとりは大気汚染が原因で死亡している計算になる[※39]。

プラスチック汚染生物は6倍に急増

この種の汚染がニュースとして報道され、社会を動かしたりすることはまずない。チャールズ・ディケンズは環境保護論者ではなかったが、その作品を読むとスモッグや黒く染まった空気の危険性がよく伝わってくる。その後も産業活動が地球を汚していることは、さまざまな形で明らかになってきた。

これまでになかった、いや、理解されてこなかった汚染のひとつがマイクロプラスチックだ。地球温暖化が直接の原因ではないものの、マイクロプラスチックは自然界に急速に蔓延しており、「人新世」の消費文化の罪ぶかさを私たちに突きつけている。

太平洋ゴミベルト[※40]は、環境意識の高い人のあいだではすでに知られている。太平洋に、テキサス州の2倍の面積のプラスチックごみが浮かんでいるのだ。肉眼で確認できるような大きなものがほとんどだが、ほんとうに恐ろしいのは、顕微鏡でないと見えない微細なプラスチック粒、マイクロプラスチックだ。洗濯機を1回動かすと、70万個のマイクロプラスチックが環境に放出されるという。[※41]インドネシアとカリフォルニアで売られている魚の4分の1には、体内にマイクロプラスチックが入っているという調査結果がある。[※42]ヨーロッパで甲殻類を食すると、マイクロプラスチックを1年間に少なくとも1万1000粒とりこむことになる。[※43]

海洋生物への直接的な影響も見のがせない。プラスチック汚染の影響が確認された生物は、最初の調査が行なわれた1995年には260種だったが、2015年には690種、2018年には1450種まで増えた。[※44]五大湖で検査した魚の大半、また大西洋の北西海域で調査した魚の73パーセントの内臓から、マイクロプラスチックが検出されている。[※45]イギリスのスーパーマーケットで売られているムール貝を調べたら、100グラム当たり70粒のマイクロプラスチックが見つかった。[※46] プラスチックを食物と勘違いして食べてしまう魚もいる。[※47] 一部のオキアミはプラスチックを消化して、さらに微細な「ナノプラスチック」にするが、[※48] オキアミだけで全部を処理しきれるわけでもない。トロント近海で底引き網をしかけたところ、2・6平方キロメートル当たり340万個のマイクロプラスチックが回収された。[※49]

もちろん海鳥も被害にあう。生後3か月の海鳥のひなの胃を調べたら、体重の10パーセントに相当する225個のプラスチック片が見つかったという。[※50] 人間に換算すると4・5～9キログラムのプラスチックが入っていたことになる。この調査を行なった研究者はフィナンシャル・タイムズ紙の取材にこう話している。「それだけのものを腹にためこんで、空に飛びたつわけです。海鳥はほかの鳥より急速に数が減少しています」

いまやマイクロプラスチックは、8か国で市販されているビールとミツバチ、それに市販されている17種類の海塩のうち16種類でも検出されている。[※51] 検査すればするほど見つかる状況だ。人体への影響は不明だが、ただの海水より危険性が100万倍高いと言われている。[※52] 海鳥と同じく人間の死体を解剖したら、当然マイクロプラスチックが出てくるだろう。最近では、慢性外傷性脳症やアルツハイマー病の特徴であるタウタンパク質との関連も議論されている。マイクロプラスチックが空気中に浮遊していれば、屋内にいても呼吸で体内に入る。[※53] アメリカで都市の水道水を調査したところ、94パーセントでマイクロプラスチックが見つかっているので、[※54] 水といっしょに飲む可能性もある。2050年にはプラスチックの生産はいまの3倍に増えると予想される。[※55]

そうなると海は魚より多くのプラスチックであふれかえることになる。

温暖化の抑制か、大気汚染による死か

プラスチック汚染は地球温暖化と一見無関係に思えるが、実は気候変動と奇妙な関係にある。プラスチックの製造過程では、二酸化炭素をはじめとする汚染物質が生成されるし、プラスチックが劣化する過程でメタンやエチレンといった強力な温室効果ガスを出す。[※56]

もうひとつ、二酸化炭素以外の汚染源で地球の気温を左右するものがある。それがエアロゾルだ。エアロゾルとは空気中に浮遊する固体や液体の粒子のこと。発電所、工場、自動車から排出され、二酸化炭素以外の汚染源として大都市の人びとを窒息させ、病院のベッドを満杯にし、早死を増やしている。その反面、エアロゾルは太陽光線をはねかえし、気温の上昇を抑える働きをしている。[※57]

いったいどれぐらい？　およそ0・5℃か、それ以上だ。近代工業化の時代も、エアロゾルのおかげで地球の気温上昇が3割抑えられた。もしエアロゾル汚染がなかったら、かつ二酸化炭素の排出量を産業革命が始まって以来の実際の推移と同じにできたとしたら、気温の上昇幅は現在の1・5倍になっていたにちがいない。[※58]ノーベル化学賞を受賞したパウル・クルッツェンはそれを八方ふさがりという意味で「キャッチ22」と呼んだが、[※59]環境ジャーナリストであるエリク・ホルトハウスの言う「悪魔の取引」のほうがわかりやすい。[※60]エアロゾル汚染で人びとの健康を損ね

るのか、澄みきった健康な空気で気候変動を加速させるのか。汚染を解消すれば年間何百万という生命が助かるが[※61]、温暖化は急激に進むだろう。産業革命前とくらべて気温は1・5〜2℃上がり、気候崩壊の扉があっけなく開いてしまう。

この問題については以前から検討が重ねられており、浮遊粒子で地球の温度上昇を抑制する計画も検討された――わざと大気を汚染して地球を冷やそうということだ。「地球工学」の旗印のもとで描かれたシナリオは人びとの拒否感が強く、ただのSFで片づけられた。それでも未来を憂える気候科学者たちの支持は根づよい。いまはまだとんでもなく金がかかるが、こうしたネガティブエミッション技術をどうにかしないと、パリ協定の控えめな目標さえ達成できないと彼らは主張する。

地球化学者で、気候変動研究の大御所だったウォーレス・ブロッカーは2019年に世を去ったが、二酸化炭素の排出削減だけでは地球の気候を安定させるのは難しいと考え、こんな予測を私に語ってくれた。大気中に大量の二酸化硫黄を散布して硫酸雲を発生させる。その雲が陸地の5分の1を覆えば、太陽光線の2パーセントが反射されて地球の熱さはいくらかやわらぐ。「もちろん空は真っ赤な夕日で染まるし、酸性雨は増えるがね」

それだけならまだしも、大気汚染の影響で毎年数百万人が早すぎる死を迎える[※62]。2018年に発表されたある研究では、アマゾン川が急激に干上がって山火事が増えると予測する[※63]。別の研究論文は、汚染物質によって気温上昇が食いとめられても、植物が育たなくなるので効果は相殺されると指摘する。[※64] 少なくとも農業面での恩恵はなさそうだ。

二酸化硫黄を散布したら最後、変化を止めることはできない。効果は一時的なものでしかなく、その後大幅に気温が上昇し、気候が大混乱に陥る危険もある。散布装置が政治の駆けひきの道具にされたり、テロの標的にならないともかぎらない。それでも地球工学的な対策を多くの科学者が不可避と考えるのは、ともかく安あがりだからだ。地球環境を憂える大金持ちが暴走して、自前でやってしまうことも大いにありうる。

第14章 グローバル化する感染症

岩石は地球の歴史の記録だ。何百万年という時間がほんの数センチの地層に凝縮されている。氷も同様で、過去の気候の変化を記した台帳のような存在だ。ただしこちらは、融けると歴史の一部が息を吹きかえす。北極圏の氷に閉じこめられていた病原菌が、空気中に出てくることもあるのだ。[※1] もしそれが、過去に人間と接触したことのないものであれば、私たちの免疫システムは戦うすべを持たない。

すでに実験室レベルでは復活例が報告されている。2005年には、3万2000年前の「極限環境微生物」[※2]が生きかえったし、2007年には800万年前の微生物を蘇生させることに成功した。[※3] あるロシア人科学者は、350万年前の微生物を好奇心から自らの体内に注入した（幸い異状はなかった）[※4]。そして2018年には大物が復活する。4万2000年前に永久凍土に閉じこめられた線虫《せんちゅう》が息を吹きかえしたのだ。[※5]

北極圏にはもっと新しく、もっと恐ろしい病原菌も眠っている。アラスカで見つかったのは、1918年に大流行して5億人が感染し、5000万人が死亡したインフルエンザ[※6]、いわゆるスペイン風邪のウイルスの残党だ。[7] ５０００万人というと当時の世界人口の約3パーセントであり、[8] 時を同じくする第一次世界大戦の死者の6倍近い。シベリアの永久凍土には、ほかにも天然痘ウイルス[9]やペスト菌など[10]、過去に人類を大いに苦しめた病原菌が潜んでいるのではないか。[11] 研究者はそう考えている。

氷づけの生命体もすべてがしぶとく生きのびるわけではないし、復活といっても条件の整った実験室での話だ。ところが２０１６年、シベリアの奥地で少年が炭疽で死亡し、ほかに住民20人の炭疽菌感染が確認された。[12] トナカイも２０００頭以上が死んでいる。原因は永久凍土が融け、75年前に炭疽で死んだトナカイの死骸が露出して、炭疽菌が大気中に放出されたためだった。

温暖化で感染区域が拡大

だが、疫学研究者が憂慮するのは昔の病気の復活よりも、むしろいまある病気が場所を変えたり、変質したり、再進化することだ。近代以前は人の移動がほとんどなく、それが病気の大流行を防いでいた。ひとつの町や国、最悪の場合はひとつの大陸全体を荒らしまわったとしても、それより先には広がらない。14世紀の黒死病の大流行はヨーロッパの人口の6割を死亡させたが、もしこれが現代に起きていたらと思うとぞっとする。

いまの世界はグローバル化が進み、人間の移動や接触が広範囲になったとはいえ、生態系はおおむね安定しており、それがもうひとつの防護壁になっている。新しい環境に伝播《でんぱ》しても、そこでは生きられない病原菌もいるのだ。だから未開の自然を訪ねるツアーでは、未知の病原菌との接触に備えてワクチン接種や予防注射を山ほど受けさせられる。ニューヨークからロンドンに行くだけなら、その必要はない。

だが地球温暖化で生態系がひっかきまわされると、病原菌は防護壁をやすやすと乗りこえる。蚊が媒介する感染症は、いまはまだ熱帯地域に限定されている。しかし温暖化のせいで、熱帯域は10年に50キロメートル弱の勢いで拡大している。たとえば黄熱《おうねつ》は、ウイルスを持っているヘマゴグス属やサベテス属の蚊に刺されることで感染する。[※13] ブラジルでは、こうした蚊が生息するのはアマゾン川流域だけなので、ジャングルに暮らしたり、あるいは旅する者だけが気をつけていればよかった。ところが2017年に、蚊がアマゾン川から飛びたち、サンパウロやリオデジャネイロといった大都市に来ていることが判明した。劣悪な環境で暮らす3000万人に、[※14] 致死率3〜8パーセントの黄熱がじわじわと迫っているのだ。[※15]

蚊が媒介する病気は黄熱以外にもたくさんある。温暖化する地球では、蚊がのさばる地域も拡大するいっぽうだ——感染症のグローバル化である。マラリアだけでも年間100万人が死亡しているが、[※16] アメリカのメイン州とか、フランスのような緯度の場所ならまだ心配は無用だ。けれども、熱帯の境界とともに蚊も北に移動している。次の世紀には、ますます多くの人が黄熱やマラリア、それに新しいところではジカウイルス感染症におびえながら暮らすことになるだろう。

そのジカウイルスに代表されるのが、もうひとつの懸念材料だ。それはウイルスの突然変異である。[※17] ジカウイルスが騒がれるようになったのはつい最近のこと。というのも長いあいだウガンダと東南アジアにしか存在しなかったし、出生異常を引きおこすこともなかったからだ。[※18] ところが数年前、ジカウイルス感染症が大流行して小頭症の赤ん坊が相次いで生まれ、世界中がパニックに陥った。ウイルスが南北アメリカ大陸に入るときに何らかの変化が起きたようだ。遺伝子の突然変異か、新しい環境に適応したのか、それともアフリカでは少ない別の病気と重なったときに決定的な悪影響をおよぼすのか。[※19] 反対に、ウガンダの環境や人びとの免疫が、ジカウイルスの作用から母子を守っていたのかもしれない。

気候と感染症の関係でたしかなのは、暑い地域ほどウイルスは活発になるということだ。それゆえ世界銀行は、２０３０年には36億人がマラリアの危険にさらされると予測する。[※20]

待ちうける病気の「新世界」

こうした予測では、気候モデルだけでなく、関わる生命体の働きも正しく理解する必要がある。マラリアなら蚊、ライム病ならマダニだ。ライム病は、地球温暖化でいま急速に拡大している。専門家のメアリー・ベス・ファイファーによると、日本、トルコ、韓国など２０１０年までは存在しないに等しかった国で、ライム病の患者が報告されるようになってきた。[※21] 現在韓国では、保菌者が年間数百人ずつ増えているという。オランダでは国土の54パーセントでマダニが見つかっているし、アメリカでは新規感染が毎年30万例にもなる。[※22] 治療を受けたあとも症状が数年間続くことがあるので、患者数は積みあがっていくばかりだ。蚊やマダニなどが媒介する感染症は、この13年間に3倍に急増した。[※23] 蚊はともかく、マダニとの遭遇は過去に経験がなかった地域も多い。[※24]

感染症の影響は、むしろ動物に顕著に現われる。ミネソタ州では2000年代に冬ダニが出るようになり、わずか10年でムースの生息数が58パーセントも減少した。[※25] 2020年にはミネソタ州からムースが消滅すると考える保護活動家もいる。ニューイングランドでは、ムースの子どもの死骸にマダニがびっしりたかっているのが見つかった。その数9万匹で、どれも丸々とふくらんでいた。[※26] 死因はライム病ではなく、マダニ1匹当たり数ミリリットルの血液を吸ったことによる失血だった。生きのびたムースも悲惨だった。マダニに嚙まれたかゆみでひっきりなしに身体をかくうちに、毛がすっかり抜けおちた。灰色の皮膚がむきだしになった姿は不気味で、「おばけムース」と呼ばれた。

ライム病は比較的新しい病気なので、理解がまだ充分ではない。症状も関節痛、倦怠《けんたい》感、記憶障害、顔面麻痺《まひ》となんでもありで一貫性がない。虫に刺されたという患者から、ライム病を的確に見わけるのは困難だ。それでも媒介するマダニに関しては、研究が進んでいる。

しかしこれから気候変動が大きくなると、新たに媒介役を引きうける動物が出てこないともかぎらない。そうなったら、私たちは完全にお手あげだ。過去に経験のない感染症が出現する可能性もある。まったく新しい病気の世界が、私たちの前に広がるのだ。

「新しい世界」という表現はけっして大げさではない。地球上でまだ発見されていないウイルスは、１００万種を下らないのだ。[27] 細菌となるともっと多い。

なかでも怖いのは、人間の体内でとりあえずは平和的に暮らしている細菌だろう。その99パーセント以上はまだ正体が解明されていないが、[28] 食べ物の消化から不安感のコントロールまで、あらゆる仕事を黙々とこなしている。気候変動がそんな細菌たちにどんな影響をおよぼし、どの細菌が減ったり、消滅したりするのか、あるいは性質を変えて生きのびるのかまったくわからない。

人間の体内を居場所にしている細菌は基本的に脅威にはならない――いまのうちは。地球の気温が１～２℃上昇したところで、彼らのふるまいもおそらく変わらないだろう。だが例外もある。中央アジア原産で、レイヨウの仲間であるサイガを襲った悲劇がそれだった。[29] ２０１５年５月、わずか数日で全個体数の３分の２近くが死んでしまった。[30] 広大な草原にサイガの無数の死骸が転がる「大量死」の衝撃の原因がとりざたされ、宇宙人、放射線、廃棄ロケット燃料とさまざまな説が飛びかった。だが死骸はもちろん、土壌や植物を調べても、有毒物質は検出されなかった。犯人は、サイガの扁桃《へんとう》にいるパスツレラ・ムルトシダという細菌だった。何世代ものあいだサイガの体内でおとなしくしていた細菌がとつぜん異常増殖し、血液に乗って肝臓、腎臓、脾《ひ》臓に回り、感染症を引きおこしたのである。アトランティック誌のサイエンスライター、エド・ヨンはこう書いている。「２０１５年５月、サイガが死んだ場所は温度も湿度も異常に高く、とくに湿度は１９４８年に記録をとりはじめて以来最高だった。実は１９８１年と１９８８年にも、今回より小規模ながら多数の個体が死んでいる。気温が高くなり、湿気が多くなるとサイガは死んでしまう。気候が引き金で、パスツレラは銃弾だった」

湿度の上昇がパスツレラ・ムルトシダを銃弾に変えた仕組みはわかっていない。人間の体内にいる常在菌のうち、正体がわかっているものはわずか1パーセント。残り99パーセントとは、知識も理解もないまま共生している。長年友好的にやってきた彼らが、気候変動を引き金にして恐怖の病原体に変身するのだろうか。それは謎だが、無知は慰めにならない。気候変動の進行で、将来そんな細菌に出会わないともかぎらないのだ。

第15章　経済崩壊が世界を揺るがす

冷戦が幕を閉じてから、21世紀初頭に世界規模の景気後退「グレート・リセッション」が起きるまで、世界経済は永遠の治世を約束する呪文《じゅもん》を唱えつづけてきた――経済成長はすべてを救う。ところが2008年の世界金融危機のあと、歴史家や進歩的な経済学者たちが「化石資本主義」という概念を提唱しはじめた。18世紀にとつぜん始まった急速な経済成長の要因は、技術革新や自由貿易ではなく、化石燃料とその強大なエネルギーを発見したことに尽きるというのだ。食うや食わずで先の見えない生活だったところに、新しい「価値観」が一気になだれこんだ。経済学としては異端の考えかただが、説得力はある。化石燃料が登場する前は、両親や祖父母、あるいはもっと古い祖先より良い生活ができる者は皆無だった。ただし、黒死病などの伝染病が大流行した直後は例外だ。幸運にも生きのびた者は、人口激減で浮いた資源を存分に使うことができた。

蒸気機関とコンピューターに代表される数々の画期的な発明と、それが利益に直結する資本主義システムの積みかさねで、人間は勝者と敗者がくっきり分かれる資源獲得合戦から脱却してきた――西洋では誰もがそう信じる傾向にある。しかしアンドレアス・マルムらの見かたはそうではない。植物や小動物といった炭素中心の生命体が、地層の重みでじわじわと圧縮され、数百万年後に石油として掘りだされた。それこそが、人類の発展を可能にした唯一の技術革新だというのだ。人類が出現するずっと前の地球が残してくれた、貴重な遺産が石油なのである。それを発見するやいなや、私たちは争うようにして汲みあげた。あまりの勢いに、この半世紀のあいだ石油資源の枯渇が何度指摘されたことか。歴史学者エリック・ホブズボームは1968年に「産業革命はすなわち綿織物だ」と書いているが、いまなら「化石燃料だ」と書いただろう[※1]。

経済成長曲線は、石油燃焼曲線とほぼ完璧に一致する。建前重視の経済学者は、ほかにも変数があると主張するだろうが。西洋では数世紀にわたって繁栄が比較的安定し、着実に成長してきたおかげで、これが永遠に続くという安心感がすっかり定着した。たまにそうならないことがあると、指導者や上層部に怒りの矛先が向く。だが地球の歴史はとんでもなく長い。人類の歴史も、そのなかのほんのひと区切りとはいえ、それなりに長い。技術は日進月歩で発達し、気候変動の影響を回避できる画期的な方法を、どこかの国が開発するかもしれない。だがそれで世界を支配できたとしても、せいぜい何百年の単位であり、歴史全体から見たらかすかな逸脱でしかないのだ。

1℃上昇で経済成長は1パーセント抑制

経済成長は石油の炎の向こうに揺れるはかない陽炎《かげろう》であり、気候変動がそれを吹きとばしそうだ――ここ10年間の経済学は、そんな考えを軸に展開されてきた。温暖化と経済の関係については、ソロモン・ショーン、マーシャル・バーク、エドワード・ミゲルが独自の視点でおもしろい研究を行なっている。比較的温暖な地域では、平均気温が1℃上昇すると経済成長が1パーセント抑えられるというのだ[※2](成長率がひと桁《けた》前半でも「堅調」と評価されることを考えると、この損失は痛い)。なかなか優れた研究だ。気候変動がない場合の経済成長と比較すると、ひとり当たりの所得は今世紀末までに23パーセント少なくなると予測される。[※3]

恐ろしい予測はまだある。気候変動によって、世界全体の生産高が2100年に20パーセント以上減少する確率は51パーセント。[※4]二酸化炭素の排出が減らなかった場合、ひとり当たりGDPが半減もしくはそれ以下になる確率は12パーセントだ。ちなみに1929年の世界大恐慌では、世界のGDPは約15パーセント落ちこんだ。最近のグレート・リセッションでは約2パーセント減だった。さらに2018年、環境経済学者のトマス・ストークを中心とする研究チームは、以上のような予測が悪いほうに大幅にはずれる可能性を示唆した。[※5]

気候変動が経済に与える打撃は把握しづらい。欧米の脱工業化諸国でさえ、失業率やGDPの伸び率といった数字は、まるで生き物のように上下動を繰りかえす。経済の安定と堅実な成長にすっかり慣れている私たちにとって、経済成長率の振れ幅は、大恐慌時の15パーセント減から、1960年代初頭に達成した7パーセント増までだ。[※6]どちらも一度きりの経験で、続いたのもせいぜい数年間だった。それ以外はずっと、2・9パーセントとか2・7パーセントといった小刻みな動きになっている。だが温暖化という要因が加わると、桁ちがいの景気後退が起きるかもしれない。

さらに危機感をあおるのが国ごとの予測だ。温暖化によって農業や経済の生産性が高まり、恩恵を受ける国もないではない。[※7]カナダ、ロシア、スカンジナビア諸国、グリーンランドといったところだ。しかし世界の経済活動の大部分を担っている中緯度地域、すなわちアメリカや中国では、生産性は半分近くに落ちこむだろう。赤道に近い国々、アフリカ、メキシコからブラジルまでの中南米、インド、東南アジアとなると、生産性の減少は100パーセントにかぎりなく近くなる。気候変動が世界に引きおこす経済的損失の4分の1近くが、インドにのしかかるという研究結果もある。[※8]2018年に世界銀行が出した予測では、二酸化炭素の排出量が今後も変わらないと、南アジアの8億人の生活状況が著しく悪化し、[※9]そのうち1億人はわずか10年で極貧状態に陥るという。[※10]いや、「逆戻り」と表現するほうが正しいかもしれない。彼らは工業化と化石燃料のおかげで国の経済が発展し、生命が維持できるぎりぎりの暮らしからようやく脱したばかりなのだから。

気候変動によって景気が急降下し、経済力が半減しても、なすすべはない。ニューディールもマーシャル・プランも用意されていないのだ。永遠に続く低空飛行が当たり前の状態になり、たまに小数点いくつかの程度で成長すれば、繁栄を喜ぶことになる。経済の歴史を振りかえれば、逸脱や後退はかならずあったものの、そのあとかならず景気は回復してきた。大恐慌しかり、グレート・リセッションしかり。だが気候変動が要因の場合、もう立ちなおりは期待できない。経済はゆっくりと死に向かっていく。

経済生産性に最適な気温は13℃

具体的には何が経済をだめにするのか。その答えの一部は、これまでの章ですでに出てきている——自然災害、洪水、公衆衛生の危機……。どれも悲劇だが、同時に莫大な費用も発生する。たとえば農業にかかるコスト。アメリカには農家が200万軒以上あり、300万人以上が農業に従事している。もし温暖化によって生産高が40パーセント減少したら、当然利幅が小さくなり、へたをすると利益がまったく出なくなる。小規模農家や協同組合、さらにはアグリビジネス企業も赤字に転落し、重い債務にあえぐことになるだろう。

「憂慮する科学者同盟」が2018年に発表した予測では、2100年にはアメリカの240万軒の住宅や企業が慢性的な洪水に見舞われ、現在の価値にして1兆ドルの損失が生じるとしている。[※11]マイアミビーチの不動産は、2045年までに14パーセントが水に沈んでいるだろう。ニュージャージー州だけで、300億ドル近くの不動産が洪水の影響を受けると考えられる。[※12]

気温の上昇は、経済成長と人びとの健康を脅かす。すでにその影響は現われはじめていて、暑さのあまり鉄道の線路がたわんだり、アリゾナ州フェニックスのように暑さの厳しいところでは、気流の関係で航空便がキャンセルになったりしている[※13]（ちなみにニューヨークとロンドンを飛行機で往復するたびに、北極の氷が3平方メートル融けている)。[※14]スイスやフィンランドでは、熱波のせいで発電所の冷却が充分に機能せず、稼働停止に追いこまれた。[※15]インドでは2012年に頼みのモンスーンが来ず、灌漑《かんがい》用の水の汲みあげで電力を大量に消費したために、大停電が起きて6億7000万人が影響を受けた。[※16]どんなに豊かな国でも、インフラは気候変動への備えができていない。同じことが世界のどこで起きてもおかしくないのだ。

さらに微妙な形でも影響が出てくる——たとえば生産性。コンピューター革命が起きてインターネットがこれだけ普及したにもかかわらず、なぜ工業化社会では生産性が思ったほど向上していないのか。経済学者はこの数十年首をかしげてきた。表計算ソフト、データベース管理ソフト、電子メール。この三つを導入するだけでも、効率は格段に良くなったはずなのに。それどころか、こうしたツールが導入されて、コンピューターによる効率化が幕を開けた時代は、むしろ賃金も生産性も上がらず、経済成長の勢いが止まっていた。なぜか。ひとつの可能性として、こんな推理がある。たしかにコンピューターは効率と生産性を上げたが、同時に気候変動がそれを打ちけしたり、完全に相殺したというのだ。でも、いったいどうやって？　ひとつは暑さと大気汚染による認知能力の低下だ。この説を裏づける研究結果は、少しずつ積みあがっている。それだけで数十年続く停滞を説明できるかどうかはともかく、たしかに気温が高くなるほど労働生産性は落ちる。

この主張は直感的にはわかる気がするが、それでも強引な印象は否めない。温度計の目盛りがちょっと上がっただけで、経済活動が活気を失うなんて想像できないが、猛暑の日にエアコンが故障した部屋で働くのはたしかに厳しい。話が大きすぎて理解しづらい面もあるが。

ショーン、バーク、ミゲルは経済生産性に最適な気温は年平均13℃と割りだしている。[※17] アメリカをはじめとする世界の経済大国が、ちょうどそのぐらいの気温だ。アメリカの気温は少しずつ上昇しており、地域によってはいままさに理想的な設定に近づきつつある。たとえばサンフランシスコ・ベイエリアの平均気温は、ぴったり13℃だ。

気候変動は包括的な危機であり、私たちのいまの生活のあらゆる側面に影を落とす。しかし実際に起こる利益・不利益となると、国ごとに、また国内でもばらつきが出る。いちばんあおりを食うのは、インドやパキスタンといったすでに気温が高い国々だ。[※18] アメリカでは南部と中西部に大きな負担がのしかかり、自治体の歳入が20パーセント減る地域も出てくると思われる。[※19]

それでもアメリカ全体で見れば、気候変動の打撃を受けとめるだけの富があり、地理的にも有利な条件が整っている。そのためか、暑くて貧しい地域をすでに苦しめている気候変動の悪影響に、ようやく意識が向きはじめた段階だ。

だが長い海岸線を持つアメリカは、沿岸部の開発をひたすら進めてきた。だからひとたび変化が始まったら弱さを露呈するし、経済状況の悪化が全世界を揺るがす。ジェンタオ・チャンらの言う「経済の波及効果」だ。[※20] この研究では、平均気温が1℃上昇するとアメリカのGDPは0・88パーセント、世界全体のGDPは0・12パーセント押しさげられると推測する。2℃の上昇では、GDPの落ちこみはそれぞれ3倍になるという。もちろんここでも、地域によって影響の出かたは異なってくる。たとえば気温上昇が1℃と2℃では、中国が受けるアメリカ経済の波及効果は4・5倍になる。

それ以外の国は経済規模が小さいので、波及効果はさほどでもない。それでも経済的な悪影響は、世界中の高層ビルの森から電波のように発信され、じわじわと到達する。

欧米の豊かな国々では、それが適切かどうかはともかくとして、経済成長が社会の健全さを測る物差しになっている。そうだとすれば、気候変動で発生する山火事、旱魃、飢饉がもたらす損失は莫大なものだ。地球の平均気温が3・7℃高くなった場合の損失は551兆ドルとも言われている――いま世界にある富の2倍近くだ。だが温暖化はその程度では終わらない。

ここ数十年の気候変動への対応は、直接の影響がなかったり、経済的に飛躍できる機会がある場合にかぎられていた。ただそうした市場の論理は、往々にして短絡的だ。それでも数年前からグリーンエネルギーへの転換コストが大幅に下がったこともあり、いま大胆な対策を実施するほうが、手をこまねいているよりよほど安あがりだとわかってきた。2018年のある研究報告では、エネルギー転換を急いで2030年までに実現する場合のコストは26兆ドルとはじきだされている。[※21] 見かたを変えれば、たった十数年のあいだにそれだけの金が動くということだ。

重い腰をあげないでいると、コストは雪だるま式に増えていく。ショーン、バーク、ミゲルがはじきだした数字は、気候変動が経済成長を頭打ちにする最悪のシナリオだ。バークらは201

8年、現状により近いシナリオで経済への影響を検討した論文を発表している。[※22] パリ協定の現状の国別目標を達成して、気温上昇の幅が2・5〜3℃になったという、楽観的だがありうるシナリオだ。それによると、今世紀末のひとり当たりの経済生産高は15〜25パーセント減少する。いまの調子で二酸化炭素の排出を続けた場合の気温上昇は、最低でも4℃とされているが、そうなると経済生産高は30パーセント減るだろう。世界を大不況が襲い、ファシズムや権威主義の台頭を許し、大虐殺を招いた1930年代の2倍の落ちこみだ。だが落ちこみというのは、どん底からはいあがり、次の好況を迎えたときに振りかえって言えること。気候変動が原因の経済崩壊には、救いも猶予もないかもしれない。坑道の底に閉じこめられたのと同じで、もはや脱出の希望は持てないのだ。

第16章　気候戦争の勃発

気候学者はシリアのことになると急に慎重になる。気候変動が引きおこした旱魃がシリア内戦に大きく関与していることは事実だが、内戦の原因を温暖化と決めつけるのはまちがいだ。その証拠に、お隣りのレバノンは同様の旱魃に見舞われても落ちついている。

ハリケーンは気候変動で発生しやすくなるが、それだけが原因というわけではない。戦争も同じことだ。だが気候変動によって、ひとつの国で紛争が起きる確率が3パーセント上昇したら、それはもう些細《ささい》な影響とは呼べない。世界200か国で掛け算をしたら、気温上昇が3〜6件の紛争を引きおこすことになる。

気温と暴力の微妙な関係を数値化する研究が、10年ほど前から行なわれている。それによると、平均気温が0・5℃上がるごとに、武力衝突の危険性は10〜20パーセント高くなるという。[※1] 気候をめぐる科学は複雑だが、数字は無情だ。平均気温が4℃上昇した世界では、戦争の数が2倍になる。いや、もっと多いかもしれない。

パリ協定で決めた目標を実現させたからといって、殺しあいがなくなるわけではない。驚異的な努力で気温上昇を2℃に抑えたとしても、戦争は40〜80パーセント増える計算だ。毎夜テレビのニュースを見て世界平和を実感できる人はいないだろうが、少なくともいまの1・5倍というのが最善のシナリオなのだ。すでにアフリカは紛争発生の危険が10パーセント以上増している。[※2]今後さらに気温が上昇すると、2030年までに39万3000人が戦闘で死亡すると予想される。[※3]

温暖化が紛争の要因に

戦闘——この言葉は「ポリオ」と同様、日常生活からかけ離れた死語になろうとしている。ただしそれは豊かな先進諸国の話。世界全体ではまさに進行中の武力衝突が19を数え、1年に少なくとも1000人が生命を落としている。そのうち9件は2010年よりあとに発生したものだ。小規模な衝突はもっと多い。

こうした数字は、今後急増することが予想される。私が話を聞いた気候学者はほぼ全員、アメリカ軍が気候変動に神経をとがらせていると指摘していた。国防総省は気候の脅威評価を定期的に行ない、地球温暖化が紛争要因となる新しい時代に備えている(この傾向はトランプ政権になっても変わらず、政府監査院のような機関まで気候に関する警告を発している)。海軍基地が海面上昇で沈んでしまうことも由々しい事態だし、[※4]氷の融解が進む北極圏は新たな紛争の舞台となりつつある(米ソの対立というかつての図式もここで復活する)。

中国が南シナ海で進めている人工島の建設も、水びたしの世界で超大国の地位を獲得するための布石《ふせき》と言えるかもしれない。人工島が戦略的に有利であることは明白だ。かつてアメリカが帝国拡大の足がかりにしていた太平洋の島々が、今世紀末には消滅するのだから。第二次世界大戦中にアメリカが占領したマーシャル諸島は、早くも21世紀半ばには海面上昇で人が住めなくなるとアメリカ地質調査所は警告している。パリ協定の目標を達成しても、島は沈むのだ。[※5]それだけではない。ビキニ環礁に始まって、マーシャル諸島は戦後すぐからアメリカの核実験場として使われていた。軍による放射能除去作業は、たったひとつの島で実施されたのみで、マーシャル諸島は世界最大の「核の廃棄物処分場」となっている。[※6]

だが世界の勢力地図が書きかえられ、大国がふたたび火花を散らすことだけが、気候変動の描きだす未来図ではない。世界の警察官を自認し、国の覇権をいつまでも維持しておきたいアメリカ軍内部でも、気候変動が不安要因として重みを増している。日照りが内戦に発展するのはシリアだけではない。温暖化の圧力を受けて、この数十年間中東全域で紛争の頻度が上がっているのだ。ボコ・ハラム、ＩＳＩＳ、[※7]タリバン、それにパキスタンのイスラム過激派組織など、旱魃と凶作が急進派を勢いづかせ、民族対立の図式に乗じて暴走する例は後を絶たない。２０１６年のある研究によると、１９８０〜２０１０年に人種の多様な国で発生した紛争の23パーセントは、気象災害の数か月後に勃発しているという。[※8]ハイチ、フィリピン、インド、カンボジアなど、農業への依存度が高い32か国は、今後30年以内に、気候崩壊をきっかけとする紛争や社会不安に直面するリスクが「きわめて高い」という予測もある。[※9]

気候変動が与える国家への脅威

気候と紛争の関係は、農業と経済の関係とも重なってくる。[※10] 収穫量と生産性が落ちて社会の足元が怪しくなったところに、旱魃と熱波が追いうちをかける。政治と社会が不安定になり、国を出る者が続出する。[※11] 移民の数は現在すでに記録的であり、7000万人が世界各地をさまよっている。[※12]

国内にとどまる者の苦悩はさらに深い。過酷な気候のなかで、社会と政治の構造がそれまでと変わってくることに気づかされるだろう。気候変動のあおりを受けるのは弱い国だけではない。古代にはエジプト、アッカド、ローマも気候の圧力に屈した。[※13]

気候変動を紛争の原因とかんたんに決めつけるわけにはいかないが、温暖化は凶暴な一面を見せる。戦争は世界の平均気温の上昇と直結はしていなくても、気候変動がもたらす不安や連鎖反応が総計された最悪の展開であることはたしかだ。シンクタンクの気候安全保障センターは、気候変動の脅威を受けて国が陥る状態を6つに分類している。[※14]

・キャッチ22(八方ふさがり)国家―脆弱になっていくグローバル市場に目を向けることで、農業など自国の課題を解決しようとする。

・コワレモノ注意国家―表面的には平静を保っているが、それはたまたま気候のめぐりあわせが良かっただけ。

・脆弱国家―スーダン、イエメン、バングラデシュなど、気候変動の影響に人びとが苦しみ、国家への信頼もなくなっている。
・国家間の論争地域―南シナ海や北極圏など。
・消滅しつつある国家―モルディブなど。
・非国家当事者―ＩＳＩＳは名ばかりの国の権威を否定し、地域住民を支配するために、水資源などを奪っている。

いずれの状況も、気候は単独の要因ではないものの、複雑な点火装置に引火する火花になっている。戦争が増える脅威を素直にとらえられず、紛争を左右するのは政治と経済だけと考えがちなのは、それだけ話が複雑だからだろう。だが政治、経済、そして戦争の行く末を決めるのは、急速に変化しつつある気候だ。

言語学者スティーブン・ピンカーは、欧米の人間は10年ほど前から人類の進歩を手ばなしで喜べなくなっていると発言した。[※15] 世界では暴力や戦争や貧困が減り、乳幼児の死亡率が下がり、平均余命が伸びているというのに。たしかに表を見れば、前進していることは議論の余地がない。暴力による死者や極度の貧困は明らかに減少し、中流階級の人口が大幅に増えた。だがそれも結局は、化石燃料が新たな富を生み、工業化が進んで社会が変化したということだ。中国がまさにそれを地で行っているし、ほかの発展途上国も控えめながら工業化で発展を遂げてきた。何十億もの人間を総中流化したツケが気候変動だ。残念ながら、喜べるような話ではない。人類の前進が温暖化を招き、気候変動が暴力を世界に呼びもどしているのだから。

戦争の歴史的記憶は半減期がとても短い。戦慄《せんりつ》の体験も、そもそもの原因も、たった一世代のあいだに霞《かすみ》のかかった昔話になってしまう。だが歴史のなかで起きた戦争の大部分は、資源をめぐる争いであり、資源の欠乏が戦いのきっかけだったことは覚えておいたほうがいい。人口密度が高くなり、気候変動で土地が荒廃していけば、資源不足はふたたび起こる。それに戦争になっても資源が増えるわけではなく、むしろ貴重な資源は灰になるだけだ。

国家間の紛争は長い影を落とす――パッチワークキルトのように整然と並んでいた国々のあいだに亀裂が走り、おたがいに損害をこうむる。そんな紛争を織りあげる糸、すなわち個人が抱えるいらだちや対人関係の摩擦、家庭内暴力といった要素が、気候変動によって緊張を増していく。暑さはすべての調子を乱す。犯罪は増え、[※16]ソーシャルメディアは炎上し、[※17]メジャーリーグでは一発を浴びてマウンドを降りた仲間に代わって救援投手が危険球を命中させる。[※18]暑くなると運転手のクラクションも長くなり、[※19]シミュレーションではあるが、警官が侵入者に向かって引き金を引く可能性が高くなる。[※20]2099年のアメリカでは、気候変動によって殺人が2万2000件、レイプが1万8000件、暴行が350万件、強盗・窃盗・住居侵入が376万件増えているという予測がある。[※21]20世紀半ばにエアコンが普及しはじめたが、夏になると犯罪が増える傾向はその後も変わらない。

問題は気温だけではない。9000以上のアメリカの都市に関する膨大なデータを分析したところ、調査したすべての種類の犯罪——自動車盗難、住居侵入、窃盗、暴力、レイプ、殺人——で、大気汚染との結びつきが確認できたという。[※22] 気候の影響がめぐりめぐって犯罪を増やすこともあるようだ。2008年から2010年にかけて、グアテマラはアーサー、ドリー、アガサ、ハーマインと、熱帯暴風雨やハリケーンに立てつづけに襲われた。もともと気象災害が多い国だが、さらに火山の噴火や地震まで起きた。国内では300万人が「食料不足」となり、少なくとも40万人に人道支援が必要になった。[※23] 2010年の災害では道路や物流網がずたずたになり、損害は10億ドルにのぼった。国家予算のおよそ4分の1である。そして2011年の熱帯低気圧12Eの襲来を機に農家はケシ栽培に転じ、すでに大問題だった組織犯罪が爆発的に増えた。[※24] シチリア・マフィアが旱魃をきっかけに拡大した歴史[※25]を知っていれば、驚くことではないが。現在、グアテマラの殺人発生率は世界第5位。[※26] ユニセフによる「子どもが危険な国」ランキングでは2位である。[※27] グアテマラの換金作物というとコーヒー、サトウキビだったが、気候変動で今後はどちらも育たなくなる恐れがある。[※28]

第17章　大規模な気候難民

私の言う「悪影響のドミノ倒し」、気候学者の「システム危機」、アメリカの軍関係者の「脅威の掛け算」……呼びかたはどうあれ、そこから生まれるのが人口移動だ。つまり気候難民である。ある調査によると、その数は2008年以降2200万人に達するという。[※1]

難民と聞くと、国家破綻の問題だと受けとりがちだ。運営に失敗して極貧状態に陥った国から人びとが逃げだし、もっと豊かで安定した国々に押しかけるという図式である。しかしハリケーン・ハービーではテキサス州で少なくとも6万人の気候難民が生まれたし、[※2]ハリケーン・イルマでは700万人近くが避難した。[※3]この先、事態は悪くなるいっぽうだろう。2100年には、アメリカでは海面の上昇だけで1300万人が住むところを失う。[※4]海抜難民の多くは、国の南東部から押しよせる。フロリダ州は250万人が行き場をなくし、ルイジアナ州では50万人が難民となるだろう。

だがアメリカはずばぬけて豊かな国だ。そうした事態にも耐えるだけの底力は持っている。数千万のアメリカ人が、地形が変わりはて、荒廃した沿岸部にも適応して立派に生活していく未来は容易に想像できる。とはいえ温暖化は海面の上昇だけで終わる話ではないし、しわ寄せが最初に来るのはアメリカのような国でもない。むしろ発展が遅れ、貧困にあえぎ、一度倒れたらかんたんに立ちあがれない国が打撃を受ける。[※5] 世界でいちばん早く工業化を達成し、温室効果ガスを大量に出しはじめたイギリスは、気候変動の影響が最も少ない。反対に発展のスピードが遅く、二酸化炭素の排出もわずかな国々があおりを受ける。世界のなかで気候システムの激変が予想されるのは、最貧国のひとつ、コンゴ民主共和国である。

　コンゴは国土のほとんどが陸に囲まれていて、山が多い。けれども来たる温暖化の時代には、そんな地理的特徴も盾にはなってくれないだろう。経済力があっても衝撃を多少やわらげるだけで、確実な安全策にはならないことは、オーストラリアが物語っている。先進国のなかで最も厳しい温暖化にさらされているオーストラリアは、今世紀後半に迫る気温上昇の圧力に富裕国があっけなく屈服するのか、それとも立てなおしを図るのかのテストケースである。いまのオーストラリアは、豊かさを屈託なく膨張させているが、それを支える国土は自然条件が過酷で容赦ない。２０１１年には、たった一度の熱波で樹木の大量枯死《こし》とサンゴの白化が起きた。[※6] 鳥類や昆虫の生息数が大幅に減り、陸と海の両方で生態系が変質してしまった。炭素税を導入して二酸化炭素の排出量は減ったものの、政治の圧力で撤回されたらふたたび増えてきた。２０１８年、オーストラリア政府は温暖化を「国の存亡に関わる喫緊の安全保障リスク」と位置づけたが、[※7] それから数か月もたたないうちに、環境意識が高かった首相は退陣となった。

社会の車輪がうまく回るには、富という潤滑油が不可欠だ。窮乏すると車輪はきしみ、ひび割れる。豊かさしか経験のない人でも、映画や小説でなら、社会が衰退するときにどんな放物線を描くか知っているだろう。金融市場が崩壊し、物価が急上昇して、自ら武装できる金持ちが物とサービスをためこむ。法律などおかまいなしに私利私欲が横行し、正義が果たされる希望は消え、よほどの才覚がなければ生きのびることもできない。

温暖化の現状がこのまま続けば、2050年までに世界の三つの地域で1億4000万人の気候難民が発生する——世界銀行が2018年に出した予測だ。[※8] 内訳はサハラ以南のアフリカで8600万人、南アジアで4000万人、ラテンアメリカで1700万人である。国連の国際移住機関が発表した数字は2050年までに2億人とさらに多く、こちらのほうが多く引用される。とても多い数字だ。多すぎて反対派には信じてもらえない。それでも国際移住機関（IOM）は、2050年までに気候変動が最大10億人の難民を生むと主張する。[※9] 南北アメリカの人口とほぼ同じだから、二つの大陸がとつぜん海に沈んだと思えばいい。海面に浮かびあがった人びとが、とにかく陸地にたどりつこうと必死にもがく。誰かが岸を見つけて泳ぎだせば、ほかの者もいっせいにそこに向かうだろう。

健康被害の大規模な拡大

システムはかならずしも「社会」だけを意味しない。システムは身体でもある。アメリカで、過去に大量発生した水系感染症――水といっしょに体内に入った細菌が引きおこす消化器疾患だ――を調べたところ、その前に集中豪雨による断水が発生していた例が3分の2を占めていた。[※10]川や下水に存在するサルモネラ菌は、大雨のあと大増殖することがわかっている。1993年、ウィスコンシン州ミルウォーキーでクリプトスポリジウムという原虫の集団感染が発生し、40万人以上が発症したが、[※11]これも暴風雨直後だった。

豪雨にしろ、その正反対の旱魃にしろ、大量の雨が急に降ったり降らなかったりすると、農家が経済的に打撃を受けるが、それだけではない。胎児や乳幼児に「栄養欠乏」が起こる。ベトナムの研究では、この時期に栄養不足だった子どもは、小学校の成績が悪く、身長も低くなる傾向があった。[※12]インドでも、慢性的な栄養不足が生涯にわたって影を落とすという研究結果が発表された。[※13]認知能力が平均より低く、成人してからも賃金が横ばいで、病気にかかる率が高いのだ。[※14]エクアドルの場合は、中間層の子どもたちにも悪影響が出ていた。[※15]豪雨被害と極端な気温差を経験した子どもは、20~60年後の賃金に差が見られたのだ。こうした影響は、国や地域に関係なく胎児のときから始まっている。9か月の妊娠期間中、気温32℃の日が1日増えるごとに、生涯賃金が目に見えて下がっていくのだ。[※16]台湾で実施された大規模調査では、大気汚染度が一段階上がるごとに、アルツハイマー病の相対的なリスクが2倍になるという結果が出た。[※17]カナダのオンタリオ州やメキシコの首都メキシコシティでも同様の傾向が報告されている。[※18]

環境悪化が世界全体に広がるほど、その損失を理解するには想像力が必要になる。窮乏は遠いどこかの小さな町ではなく、地域全体、国全体を覆っている。非人道的でありえないとされていた状況が、未来の世代にはただの「当たり前」になっているだろう。これまでは、天災や人災としての飢饉（前者はスーダンやソマリア、後者はイエメンや北朝鮮）を経験しながらも、人口増加が止まらない国を驚きの目で眺めていた。だがこれからは、気候変動がすべての国に人口問題を引きおこし、比較する対象もなくなるだろう。

ならば家族計画で人口を抑制すればいい——そんな声が聞こえてきそうだ。実際、ヨーロッパやアメリカの裕福な若い世代は、政治の将来を憂えて子づくりを控えがちだ。苦しみばかりの荒廃した世界に子どもを送りこみ、地球の人口をさらに増やしてしまうことに良心の呵責《かしゃく》を覚えるのだ。気候変動を阻止したいなら、子どもの数を減らすことだ——２０１７年、ガーディアン紙にそんな見出しが躍った。[※19] 同紙は翌年にもこのテーマの記事を何本か掲載している。さらにニューヨーク・タイムズ紙も「気候変動が人生の決断を左右する——子どもを持つべきか否か？」と問いかけた。[※20]

子どもの数をどうするかは、地球温暖化の影響を論じるなかではあまりに小さい話かもしれない。社会の上層にいる人びとは、そうやって自らを追いこむことに奇妙な誇りを持っている（「子どもを持つことは、他国を植民地化するのと同じくらい利己的だ」。小説家シェイラ・ヘティは、親にならないという自らの選択を考察した『マザーフッド［Motherhood］』でそう書いている）。ただし未来の世界が荒廃することが不可避かというと、そこには選択の余地がある。すべての赤ん坊にとって、生まれでる世界はまっさらで、あらゆる可能性が用意されている。そこには私たちもいて、彼らに手を差しのべつつ、自分たちのためにも世界を切りひらこうとする。数十年後の未来だって、まだこれと決まったわけではない。地球がどれぐらい痛めつけられるか、その物差しは赤ん坊がひとり生まれるたびに更新される。運命の扉が閉まっているように見えても、地平はつねに開けているのだ。だが未来は変えられないとあきらめたら、ほんとうに扉は閉じられる。子どもをつくらないことは、自制を働かせた賢明なふるまいのように見えて、実は無関心の口実だったりするのだ。

深刻な「気候トラウマ」

苦しみに満ちた世界では、人は自分を守るために殻に閉じこもろうとする。気候科学の最前線を追いかけていて興味ぶかいのは、地球温暖化が人間の心理にも足跡を刻みつけていることだ。環境の危機が精神衛生にまで影響をおよぼしているのである。その最たるものとして容易に想像できるのがトラウマだろう。極端な気候にさらされた者の4分の1から半分は、精神的に強い衝撃を受ける。※21 洪水が起きた地域では、直接の被害がなかった住民でも精神的苦痛が4倍も大きくなったというイギリスの研究報告がある。※22 ハリケーン・カトリーナでは、避難者の62パーセントが急性ストレス障害と診断され、被害地域全体で見ると住民の3分の1がPTSD（心的外傷後ストレス障害）を発症した。※23 山火事だとその割合はなぜか低く、カリフォルニアの場合24パーセントだった。[※24] ただし山火事を経験した住民の3分の1は、その後うつ病の診断を受けている。

第三者として現場にいた人間も「気候トラウマ」から逃れられない。2007年、アル・ゴアとともにノーベル平和賞を受賞したIPCCに参加したカミール・パルメザンは、「被害を目の当たりにして精神的に動揺しなかった科学者はいません」と話している。[※25] オンラインマガジンのグリストはこれを「気候うつ」[※26]、サイエンティフィック・アメリカン誌は「環境悲嘆反応」[※27] と呼んでいる。気候変動による環境荒廃が少しずつ明らかになってきたいま、世界の行く末を考える人間が絶望にとらわれるのも無理はない。警告の声が無視されていればなおさらだ。苦悩する気候科学者たちは、炭鉱のカナリアなのである。温暖化の警告が「オオカミが来た」になることを彼らは恐れる。大衆の無関心ぶりをよくわかっているだけに、いつ、どんな形で注意を喚起するべきなのか逡巡《しゅんじゅん》するのだ。

いっぽうで間接的に警鐘が鳴る場合もある。研究者でさえ二次的な精神被害を受けるのだから、当事者の打撃はいかばかりか。気候トラウマで深く傷つくのは、感受性の強い子どもたちだ。1992年にフロリダを襲い、40人の死者を出したハリケーン・アンドリューから8か月後の調査では、子どもの半数以上に中程度のPTSDの症状が見られ、そのうち3分の1強は深刻な状態だった。[※28] とくに被害が甚大だった場所では、1年9か月たったあとも70パーセントの子どもたちで中度から重度のPTSDが続いていた。ちなみに戦地から帰還した兵士がPTSDを発症する割合は11〜31パーセントとされている。[※29]

１９９８年に中央アメリカで1万１０００人の死者を出し、大西洋で発生したハリケーンとしては史上2番目の規模となったハリケーン・ミッチでは、精神面への影響が綿密に調査されている。[※30] ニカラグアで最も被害が大きかったポソルテガの場合、27パーセントの子どもが重傷を負い、31パーセントが家族を失い、63パーセントの自宅が損壊または全壊した。この傷は深く、未成年者の実に90パーセントがPTSDと診断された。しかも男子の状態を平均すると「深刻」レベルの上限ぎりぎり、女子は「きわめて深刻」の限界を超えていた。半年後、十代の子の5人にひとりがうつ病と診断され、半分以上が自らの苦境に対する「復讐観念」にとらわれていたという。

大規模災害だけではない。気候はうつ病の発症だけでなく、病状の重さまで左右するという研究結果がランセット誌に発表されている。[※31] 気温と湿度がともに上昇すると、精神的な不調で救急外来に駆けこむ人が増加するのだ。[※32] 精神科への入院も増える。[※33] とくに気温との関連が顕著なのが統合失調症だ。[※34] 精神科の病棟では、室温が統合失調症患者の病状に直結している。気温上昇は、気分障害、不安障害、認知症も増加させると言われている。[※35]

暑さが暴力や争いを生むことはわかっているが、その矛先が自分自身に向くことも大いに考えられる。アメリカでは月平均気温が1℃上昇すると自殺率が1パーセント近く高くなり、メキシコでは2パーセントを超える。[※36] 二酸化炭素の排出が現状のままだと、アメリカとメキシコの自殺は２０５０年には4万件増加しているだろう。世界の自殺の5分の1を占めるインドでは、自殺者の多くは農民だ。インドの自殺率は１９８０年以降2倍に増えている。それに加えて、カリフォルニア大バークレー校のタマ・カールトンが戦慄の研究結果を発表した。インドで過去30年間に発生した自殺のうち5万9000件は、地球温暖化が関係していたというのである。[※37] インドはすでに相当暑くなっているが、気温がさらに1℃上昇するだけで、1日に70人が自らの生命を絶ってしまうのだ。

最悪の未来図は避けられるのか

第2部には、かなり楽天的な人でもパニックに陥りそうな恐怖の未来が描かれている。それでも読みすすめてきたあなたは勇敢な読者だ。とはいえただ読んで終わりではなく、あなたはこの未来をこれから生きなくてはならない。いや、未来がすでに現実になっている場所もたくさんある。

気候難民、むしばまれる心身の健康、紛争、食料不足、海面上昇……注目すべきは、こうした予測の出発点となっているいまの世界だ。産業革命前にくらべて、平均気温の上昇はまだ1℃だけ。地球環境は目も当てられないほど変わりはてたわけではなく、気候が安定していた時代の決めごとにいろいろ縛られている。それでも気候崩壊はまったなしで迫っていて、私たちはその現実にようやく気づきはじめたところだ。

気候の研究には、憶測の域を出ないものもある。自然の作用や人間の活動を正確に把握して未来に投影しようにも、地球環境そのものが、人類がどの時代にも経験したことがない状態である以上、無理からぬ話だろう。はずれる予測だってかならずある。そうやって科学は進歩していくのだ。過去に立脚してきたのがこれまでの科学だが、しかし気候変動のこれからに関しては過去が存在しない。

ここでとりあげた未来のスケッチは、見る者を疲弊させ、ときに絶望させる。あくまでもスケッチであるが、これからの数十年間で空白が埋まり、肉づけされて、暗澹《あんたん》たる未来図ができあがっていくだろう。地球温暖化について、これまで積みあげてきた知識に疑いはない。北極の氷が融け、海面が上昇していることは現実だし、人間が招いた結果だ。でも私たちにわかっているのはここまで。10年前は、気候と紛争が関係しているとは誰も知らなかった。20年前は、気候変動と経済成長の関係はほとんど研究対象になっていなかった。50年前ともなると、気候変動それ自体が研究されていなかった。

それだけ研究がさかんに行なわれたということだが、謙虚になることも忘れてはいけない。地球温暖化の影響は、まだわからないことだらけだ。いまから50年後には、さらに多くの知見が得られているだろう。その結果、最悪の事態はまぬがれるにしても、悲惨な運命が待っていることを知るのだ。気温上昇は、北極圏に閉じこめられているメタンを放出させ、温暖化の悪循環を加速させるのか？　いまはまだ断言できない。健康への影響が未知数なまま二酸化硫黄を空に散布したり、超巨大な二酸化炭素回収プラントをつくれば、問題は解決する？　その答えを予測するのは難しい。

第2部で説明した12の脅威は、いまの時点でせいいっぱい具体的に描ける未来の肖像画だ。実際にはこれより悲惨なことになるかもしれないし、もちろん逆もありうる。未来の世界地図の描き手は、いまだ謎に満ちた自然現象であり、そしてもちろん私たち人間だ。環境危機が誰の目にも明白になるのは、どの段階だろう。そうなったとき、利己的な行ないがどれほどの損失を引きおこすのか。自らの生命を守り、いまの暮らしをできるかぎり続けるために、私たちはどこまですばやく行動できるのか。海面の上昇にしろ、食料不足や経済不振にしろ、わかりやすく語るためにこれまで個別に扱ってきたが、現実はそうではない。それぞれが打ちけしあったり、反対に強めあうことだってありうる。すべてが複雑にからみあって環境危機となり、人間はそのなかで生きていかねばならないのだ。では、いったいどうすればいい？

第3部

気候変動の見えない脅威

第18章　世界の終わりの始まり

世界の終わりを正しく言いあてても、賞品はもらえない。それでも昔から人間は身の毛もよだつような終末を想像してきた。黙示録の暗示がすでに織りこまれている文化では、環境崩壊の警告もきちんと受けとめるにちがいない――。そう思いきや、地球の悲痛な叫びを伝える科学者たちはオオカミ少年扱いされる。私たちは、1000年先の未来を描く映画だってつくるのに、地球温暖化という現実の危機になると想像力が欠落する。まるで万華鏡をのぞいたときのように、目の前の脅威をはっきり認識もせず、ぼんやり眺めているだけなのである。

気候崩壊の証拠はどこにでも転がっているが、[※1]私たちの目はどれにも焦点が合っていない。世界の終わりはあくまで「幻想」だと思いたくて、勝手に舞台設定を変えて不安を押しやっているのだ。テレビドラマ〈ゲーム・オブ・スローンズ〉は気候変動の予言で幕を開けるものの、冬の到来を警告するだけだ。SF映画〈インターステラー〉は環境破壊で荒廃した地球という設定だが、災厄は作物が育たないということだけ。映画〈マッドマックス 怒りのデス・ロード〉は砂漠化した世界が舞台となるが、争いを引きおこすのは石油不足だ。映画〈クワイエット・プレイス〉では森に潜む巨大昆虫のような怪物のせいで、家族は沈黙の暮らしを強いられる。テレビシリーズ〈アメリカン・ホラー・ストーリー〉の「アポカリプス」シーズンでは、核の冬が脅威として復活した。環境への不安が高まる時代にあっても、ゾンビはあくまで地球外から襲来するものとして描かれる。

現実に世界が終わる可能性が見えているというのに、世界の破滅を描いたつくり話を楽しむとはいったいどういうことだろう。そうやって注意をそらすことが大衆文化の役割なのかもしれないが。気候変動のドミノ倒しが始まっているいま、その手の話題には少し距離を置いてきたハリウッドもまた、人間と自然の関係が変わりつつあることを認識し、自然がすさまじい力で歯向かってきているのは人間のせいだととらえているのかもしれない。そんな罪悪感の表明は、エンターテインメントのひとつの役割だろう。とはいうものの、罪を受けいれるよりも他人のせいにしたがるのが私たちの文化だ。そこには感情の防御作用も働いている。気候崩壊の物語でカタルシスを得ることで、未来を生きのびられると思いたいのだ。

だが、産業革命前からすでに平均気温が1℃上昇し、山火事、熱波、ハリケーンがひっきりなしに発生している現実世界では、破滅の運命を予感させる物語でさえおめでたく思える。子どもたちはベッドのなかで、死について、あるいは神の不在や核戦争の脅威について小声で話し、親たちは聞きかじりの心理学に環境問題をからめて、個人的な不満や不安を吐きだす。では気温が2℃、あるいは3℃上昇したら？　気候変動は私たちの生活に巨大な影を落とし、暮らしに迫る脅威があまりに切実で、もはやハリウッドさえも娯楽大作にできない。「物語」として語ることができるのは、あくまで二の次のこと、自分とは縁遠い世界のことだからだ。

フィクション作品、大衆エンターテインメント、それに「高尚」と言われていたような文化では、少し変わった流れが生まれている。それは「死にゆく地球」[※2]と呼ばれる昔のジャンルの復活だ。イギリスの詩人バイロン卿が、インドネシアのタンボラ山大噴火を契機に起きた「夏のない年」に触発され、「暗闇」を書いたことに端を発する。地球環境への危機感は、ビクトリア朝期に書かれた小説にも影を落とした。H・G・ウェルズが『タイムマシン』で描いた遠い未来の地球は、小柄で放縦な人種に支配されて、それ以外の人間は奴隷のように地下労働に従事させられていた。さらに先の未来では、地球の生き物はほぼ絶滅状態だった。そして現代版の「死にゆく地球」では、悲嘆に満ちた「気候実存主義」が花ざかりだ。[※3]ある女性科学者は執筆中の自著について、『世界と僕のあいだに』（タナハシ・コーツ、慶應義塾大学出版会）と『ザ・ロード』（コーマック・マッカーシー、早川書房）がひとつになったようなものと表現した。

だが世界の変化はあまりに速い。温暖化現象は規模が大きすぎるし、明白すぎる。ジャンルでくくるどころか、ハリウッドでも扱いきれないだろう。人類の未来のごく一部、もしくは自分と関係が遠いところで起きる未来でなければ、気候変動は「物語」にできない。しかし気温が3℃、4℃と上昇したら、その影響からは誰も逃れられないし、映画になったものをスクリーンで見たいとは誰も思わない。気候変動が全世界におよぶことはもう避けられないと思われるが、そうなればもう物語ではなく、文学理論で言うメタナラティブ、[※4]すなわち宗教や進歩崇拝と同様、かつて文化を支配してきた理念へと後退することになる。

そんな未来の世界では、石油と欲望をめぐる壮大なドラマは見向きもされない。ロマンチック・コメディも「温暖化」の看板がぶらさがっていては興ざめだ。[※5]SF小説は予言の書として扱われるだろうが、未来社会を鋭く予見した作品は誰も読まない。目の前にその現実が見えているのに、いまさら本で読む必要がどこにある？　いまはまだ、地球温暖化を扱った小説を一種のホラーとして、現実逃避のために読む人がいる。それもいずれは、時間と空間が遠く離れたどこかのことではなく、自分たちがどっぷり浸る現実としてとらえるしかなくなるのだ。

自然と人間の関係が崩壊

インドの小説家アミタブ・ゴーシュはエッセイ「壮大なる攪乱《かくらん》」（The Great Derangement）のなかで、地球温暖化や自然災害がなぜ現代フィクションの関心事にならないのかと疑問を投げかける。[※6]現実世界に起きる気候崩壊を正しく想像して、描写することをなぜしないのか。温暖化の「危険」に現実感を持たせることをしてこなかったのか。

ゴーシュの念頭にあるのは、環境危機に警鐘を鳴らす説教くさい冒険物語ではなく、壮大なる気候小説、言うなれば「クライメット・フィクション」だ。[※7]「ベルリンの壁が崩壊した瞬間はどこで何をしていた？　9・11の同時多発テロが起きたとき、どこにいた？　そんな質問を軸に展開する物語はいくらでもある。けれども、大気中の二酸化炭素濃度が400ppmを超えたときどこにいた？、ラーセンB棚氷が崩壊したとき何をしていた？などという問いかけはできない。それはどうしてなのか」

ゴーシュの答えはこうだ。気候変動が包含するジレンマやドラマは、従来の小説のように良心の旅を強調し、高揚と希望で終わりを迎える自分語りの物語と相いれない。※8 それが小説の定義というわけではないが、私たちの手持ちの道具で語る主題としては、気候変動は組みあわせが悪すぎるのだ。ゴーシュの問いかけは、筋だてに地球温暖化を登場させるコミック原作の映画にも当てはまる。〈デイ・アフター・トゥモロー〉をはじめ、近未来の設定で、地球温暖化を描いている映画がどれも感傷的で説教くさいのも同じ理由だろう。ヒーローは誰で、何をするのかはっきりしない。みんなでがんばる話は、ドラマとしては退屈なのだ。

こうした問題がいっそう際だつのが、小説や映画、テレビに次ぐ、あるいはそれらを補う形で存在するゲームの分野だ。ゲームはプレイヤー、つまりあなたや私が主人公となるから、設定が切実に感じられるし、実体験のまねごともできる。いずれはゲームのなかで、ゾンビと化した私たちが廃墟を歩くようなことになるだろう。世界でも人気のゲーム〈フォートナイト〉では極端な天候のなかで乏しい資源を奪いあうが、これをプレイしていると、自分がほんとうに問題を克服し、解決できるような気になってくる。

ヒーローだけでなく悪役の問題もある。文芸作品には気候変動が設定に織りこまれたものは多くないだろうが、ジャンルフィクションやメガヒット映画の分野には、スーパーヒーローの壮大な物語からエイリアンの侵略まで、実例は山ほどある。「自然対人間」という主題は物語の基本中の基本であり、数は少ないとはいえメルヴィルの『白鯨』やヘミングウェイの『老人と海』など名作も存在する。[※9] ただしここでの自然は、神学的、形而上学的な力の隠喩である。つまりそれだけ自然は謎が多く、説明がつかなかったということだ。そんな自然と人間との関係さえも、気候変動は変えてしまった。自然災害や極端な気象が意味するところは、もはや誰の目にも明らかだ――それは人間が引きおこしたことであり、これからも繰りかえされる。〈インデペンデンス・デイ〉をサイエンス・フィクションならぬクライメット・フィクションに書きかえるのはかんたんだ。でもヒーローが戦うのは、エイリアンではなくいったい誰なのか？　ひょっとして私たち自身？

ひと世代前のアメリカ文化を席捲《せっけん》してきたのは、最終核戦争の危機を描く物語だった。世界の運命がひと握りのイカレた連中に左右されるという、キューブリックの〈博士の異常な愛情〉の図式だ。当時の地政学的状況を考えれば、万が一の事態が起こったとしても責任の所在ははっきりしている。1962年のキューバ危機を描いた映画〈13デイズ〉も同様だ。世界が滅亡する一歩手前の状況を招き、瀬戸際で収束させたのは、米ソ首脳の2名とごく少数の参謀たちだった。

いっぽう気候変動の道義的責任となると、とたんにあいまいになる。地球温暖化は、一部の人間が目先の計算で引きおこしたものではない。世界中のあらゆる場所で、監督役もいないまま進行中の現象だ。最終核戦争のシナリオであれば、書いたのは数十名程度だろう。しかし気候崩壊のシナリオは、時代とともに責任者の数が何十億人にもふくれあがった。ただし責任の重さは一様ではない。気候変動は、発展途上諸国が工業化を進めるなかで顕在化したわけだが、罪が重いのはいま裕福な先進国のほうだ――なにしろ温室効果ガスの半分を、金持ちの上位10パーセントの国が出しているのだから。[※10] そのため置きざりにされた国々は、産業資本主義のせいだと糾弾《きゅうだん》する。[※11] もっとも世界全体が投資に飛びつき、利害関係者となっているのだから、犯人探しをしても始まらない。要するにいまの便利な生活を享受しているのは誰かという話だ。それはあなたであり、私であり、ネットフリックスの動画に現実逃避しているすべての人だ。社会主義国が昔もいまも責任はないのかというと、けっしてそんなことはないのである。[※12]

話が複雑すぎると良いドラマにならないし、道義を問う物語には悪役が必要だ。非難の矛先をどこかに向ける必要が出てくると、悪役を求める声はいっそう強くなる。フィクションとノンフィクションは、論理とエネルギーをそれぞれ相手から引きだしているので、どちらで語るにしてもそれが問題になってくる。温暖化問題でまっさきに思いうかぶのは石油会社だろう。[※13] 気候崩壊を扱った映画を調べると、企業の私利私欲がカギになっている作品が多数を占めていた。[※14] ただし交通や工業から排出される二酸化炭素も40パーセント弱あるので、[※15] 衝動的に石油会社を悪者にするのは無茶というものだ。それでも石油会社が展開してきた情報操作と現状否定は醜悪そのもので、悪役の資格は充分と言える。

とはいえ、悪者すなわち責任者というわけでもない。石油会社と同様、気候問題を否定してかかる態度を変えないのは世界のなかでわずか1か国だけ、それも二大政党の片方だけ――つまりアメリカの共和党だ。ちなみに世界の石油企業トップ10のうち、アメリカに本拠地を置くのは2社のみである。[※16] 世界に超大国がひとつだけになった時代に、アメリカの怠慢が気候問題の進展を遅らせたと非難されるが、アメリカの二酸化炭素排出量は世界全体の15パーセントにすぎない。[※17]

地球温暖化を共和党と石油会社だけのせいにするのもまた、一種のアメリカ中心主義ではないか。そんな自己中心主義は、気候変動があっけなくぶちこわすだろう。アメリカの外でも温暖化対策は遅々として進まないし、政策転換に対する抵抗も根づよい。気候問題を否定するしないは、大した問題ではないのだ。石油会社の影響力はたしかに存在するが、人びとのあいだには無気力もあれば無知もあるし、目先の利欲もあれば自己満足もある。さて、それをどう物語にしていくか。

プラスチックとミツバチの気候寓話

悪者探しを越えたところにあるのが、自然と人間の結びつきの物語だ。[※18] それはずっと昔から素朴な寓話のなかに織りこまれていた。気候変動は、そんな寓話を支える道徳観も含めて、自然に対する人間のあらゆる通念を変えていく。だがそれでも、私たちはあいかわらず寓話を語っている。字もまだ読めない幼児が見るアニメ映画から、大昔のおとぎ話、災害パニック映画、絶滅危惧種の運命をとりあげた雑誌記事、異常気象を伝えるニュース特集まで、形はさまざまだが、いずれにしても地球温暖化にまで言及することはほとんどない。

寓話は自然史博物館に置かれたジオラマのような役割を果たす。その前を通りかかり、剥製《はくせい》の動物たちがつくりだす場面を眺めて感心し、学ぶべき何かがあると思う。だがそれはあくまで暗喩だ。なぜなら自分は剥製の動物ではないし、その場面に生きているわけでもなく、外から観察しているだけだから。地球温暖化もそんなねじれをつくりだし、距離があったはずの人間と自然の関係を崩壊させる。気候変動のメッセージはこうだ――おまえはこの場面の外にいるのではない。場面のなかで、ほかの動物たちが苦しんでいるのと同じ恐怖を味わうのだ。たしかに温暖化は人間を直撃しており、絶滅危惧種や荒れた生態系にわざわざ目を向けずとも、気候の脅威は実感できる。それでもいちばん好まれるのは、氷にとりのこされたホッキョクグマや、死滅していくサンゴなど、もの言わぬ生き物たちが主役の物語なのだ。生物学者Ｅ・Ｏ・ウィルソンは、２１００年までにその半分は絶滅すると予測する。[※19] 自分たちの暮らしも危ういというのに、それでも動物の運命に注目してしまうのは、19世紀イギリスの評論家ジョン・ラスキンの言う「感傷的誤信」にちがいない。生き物に感情移入して、つかのまその痛みを感じていれば、自らの責任を問いかけなくてすむ。人間が引きおこし、なおもあおり続けている嵐を目の前にしたら、訳知り顔で無力なふりをするのがいちばん楽なのだ。

プラスチック汚染問題は、そんな気候寓話のひとつであり、一種の目くらましでもある。その背景には、地球への悪影響をできるだけ減らしたいという崇高な意思と、廃棄物が空気や食べ物、体内を通じて環境を汚染しているという恐怖がある。その意味では、清潔さと軽さにやたらとこだわる現代の消費者ならではの強迫観念とも言えそうだ。だが、たしかにプラスチックは二酸化炭素排出に関わっているが、プラスチック汚染自体は地球温暖化の問題ではない。それなのに急に騒がれはじめて、ストローの使用禁止が話題になっている。一時的かもしれないが、もっと広範囲で深刻な気候崩壊の脅威から関心がそれているのだ。

ミツバチの大量死も同様だ。[※20] この新しい環境寓話は2006年に始まった。アメリカではミツバチのコロニー大崩壊が起こり、1年で36パーセントのハチが死んだ。翌年以降も29パーセント、46パーセント、34パーセントと多くのハチが死んでいる。ここで首をかしげる人もいるだろう。毎年これだけのハチが姿を消していたら、あっというまにゼロになるのでは？　ところがハチの数は着実に増えている。養蜂業者は農家の授粉依頼に応じて、大量のハチをトラックに載せて全国を回っている。そこから得られる収益で、まるで工場のように新しいハチの巣箱をどんどん生みだしているのだ。

動物の擬人化は人間の自然な衝動だろう。実際、アニメーションの世界はそれが出発点だ。だが人間のような見栄っぱりが、自由意志も自主性もなく、ミツバチとコロニーのどちらが生命体なのか専門家も判断に悩むような生き物たちと自分を重ねあわせるのは、どこか奇妙だ。私がミツバチのコロニー崩壊を取材したときは、崩壊はミツバチが自らの幸福を案じた結果であり、彼らの偉大な文明がその一端を垣間見せたと熱く語られた。しかしコロニー崩壊の寓話はむしろ逆で、文明規模の集団自殺に直面したとき、個体はなすすべもないということではないか。これはミツバチだけの話ではない。私たちの世界だって、エボラ出血熱、鳥インフルエンザといった感染症で謎の大量死が起きるかもしれない。ロボットが人類を滅ぼすロボカリプスの不安もある。ISISや中国の脅威、米軍の大規模演習「ジェイド・ヘルム15」をめぐってテキサスで巻きおこった陰謀論。量的金融緩和を実施しても急激なインフレは起きなかったが、金《きん》価格は上昇した。ウィキペディアの「ミツバチ」のページを読んだり、コロニー崩壊について調べたりすればするほど、インターネットは世界の終わりを直感するためにあると思えてくる。

ミツバチの大量死は、研究が進むにつれて謎ではないことがわかってきた。最近広く使われるようになったネオニコチノイド系殺虫剤を浴びて、ミツバチがニコチン中毒になってしまったのだ。飛翔昆虫が温暖化で消滅する懸念があり、最近の研究ではすでに75パーセントが死滅しているとも指摘されている。[※21] 授粉してくれる生き物が消えた世界は、「生態学的終末」とも呼ばれるが、ミツバチのコロニー崩壊は基本的にそれとは無関係だ。にもかかわらず、雑誌を開けばミツバチの寓話を大々的に語る記事は花ざかり。[※22] それはおそらく、明白な危機を物語にはめこみ、問題の本質を切りはなしてしまえば、少し安心できるからだろう。

「人新世」の終焉

環境保護活動家ビル・マッキベンが『自然の終焉（The End of Nature）』を世に問うたのは1989年。そのなかで彼は認識論的な謎かけを提起した――野生と気候、動物と植物の持つ力が人間の活動によって変質したら、それはもう「自然」ではないのでは？

その答えが数十年後に登場した「人新世」という言葉だ。環境への危惧とともに、「終焉」よりずっと混迷し、不安定な状態を示唆している。環境保護主義者、アウトドア派、自然愛好者、その他さまざまな種類のロマン主義者が自然の終焉を悼むだろう。だが人新世に解きはなたれるすさまじい力は、何十億という人を翻弄する。いや、すでに中東や南アジアでは、熱波が毎年のように発生している。2018年にインドのケララ州を襲い、何百人という死者を出したような洪水が、いつまた起きてもおかしくない。洪水がめったに起こらない欧米では、そうした悲劇は発展途上国に避けられないことと受けとめてきた――そう、はるか遠くの「自然」現象だったのだ。

だが数十年もすれば、この規模の災害が欧米でも発生するようになる。それは世にも恐ろしい悪夢の物語だろう。私たちは工場やショッピングモールをひとつ、またひとつと増やして、自然をすっかり抑えこんできた。いまや気候工学は空に乗りだす勢いだ。太陽光を操作して地球の気温を落ちつかせるだけでなく、この海のサンゴ礁を救い、あの穀倉地帯の気候を維持するといったぐあいに、局地的に「気候をデザイン」しようというのだ。※23 最終的にはもっとミクロ化して、農場やサッカースタジアム、ビーチリゾートの天候を左右することさえ視野に入れている。

これがもし実現するにしても早くて数十年後だ。もっと平凡で、確かな成果をすぐに残せるプロジェクトはほかにいくらでもあるだろう。19世紀の先進国では、産業に特権的に便宜を図ってきた。石炭を運ぶための大陸横断鉄道の建設が良い例だ。20世紀に入ると、今度は資本の都合が優先になった。新しいサービス産業での労働力需要を満たすために、世界中で都市化が進んだ。そして21世紀は、気候変動への対応が第一になる。堤防を高く築き、二酸化炭素回収プラントを建て、州ひとつ分ほどの太陽光パネルを並べる。気候変動が理由となれば、政府による土地の強制収容も横暴とは言われない——もっとも住民エゴの反撃も相当なものだろうが。

私たちが生きている環境は、すでにかなり型くずれしている。アメリカは怖いものなしだった20世紀に、陰気な湿地だったフロリダ州と、ただの砂漠だった南カリフォルニアを楽園につくりかえた。だが2100年には、絵葉書のような風景はもう残っていないだろう。

人間は自然界に手を加えすぎて、ひとつの地質時代に終止符を打ってしまった——それが人新世の最大の教訓だ。改変の規模たるや、その価値観にどっぷり浸かって育った私たちでも驚くほどだ。1992年から2015年までの短期間で、地球上の陸地の22パーセントが人間によって手なおしされた。[※24]体重ベースで計算すると、世界の哺乳動物のうち96パーセントは人間およびその家畜ということになる。[※25]野生動物はほんの4パーセントだ。私たちはやたら数が多いだけでなく、大きな顔でのし歩き、ほかの種を絶滅寸前、あるいはそれ以上にまで追いつめた。だから生

物学者E・O・ウィルソンは、この時代は人新世ではなく「孤独世」と呼ぶのがふさわしいと主張する。[※26]

そこへ地球温暖化が痛烈なメッセージを運んでくる——人類は環境を打ちまかせない。最終勝利も、完全征服もありえない。私たちは支配もできなければ、飼いならすこともできないシステムを自分のものだと言いはってきた。それどころか、そのシステムをさらに手がつけられないものにしてきたのだ。自然は人間を囲いこみ、人間を圧倒し、罰を与えている。そう、昔と同じように。地球温暖化がいまのまま進行すれば、農業、移民、ビジネス、精神衛生とあらゆる場面が自然に規定され、人間と政治や歴史との関係まで変わっていくにちがいない。

気候変動の脅威を隠す科学者たち

科学者は以前からそうなることを知っていたはずだ。でもわざわざ口にしなかった。

気候変動の研究者にとって、「人騒がせ」のレッテルを貼られるのは最悪だ。だが心配する側としては、少々不思議でもある。発ガン性物質の危険性を伝えるとき、慎重になるべきだと主張する専門家は見たことがないからだ。1988年に地球温暖化について初めて議会証言を行なったジェームズ・ハンセンは、気候の研究者が黙りこむ現象を「科学的寡黙」と呼び、[※27]研究知見を良心的に編集しすぎて、真の脅威が伝わっていないと非難した。皮肉なことに、研究報告の内容が厳しいものになるにつれて、この傾向に拍車がかかっている。その結果、悪い知らせと楽観視のバランスを著しく欠いた論文が増えて、「運命論的」とか、果ては「気候ポルノ」とまで揶揄《やゆ》される。

そんな科学的寡黙が、気候崩壊の脅威を見えにくくしている。地球温暖化の暗い展望を大っぴらに語るのは無責任だと、専門家が強烈な合図を発信しているのだ。自分たちが知りえた情報を世に出したら、それがどう解釈され、どんな反応になることか。それほど世間も大衆も信用されていないのか。ハンセンの議会証言とＩＰＣＣの創設からもう30年になるが、気候問題への関心は多少の浮き沈みはあっても、大きく高まってはいない。とくに大衆の反応となると、情けないほど薄い。アメリカでは二大政党のひとつが気候問題に否定的で、法整備に待ったをかけてきた。世界全体では、重要な会議が何度も開かれ、条約や協定の成立にこぎつけている。だが結局はそれも芝居のひと幕にすぎないのか、二酸化炭素の排出は減るどころか増えつづけている。

もっとも科学的寡黙は、ある意味当然だろう。ひとつは性格の問題。彼らは自ら選んで科学の道に入り、先を読む訓練を受けている。もうひとつは経験の問題。彼らの多くは何十年も前から否定派と戦ってきた。とくにアメリカでは、ちょっとした誇張や、予測のずれがあるだけで、合理性の欠如や悪意の証拠にされる。これでは研究者も用心ぶかくなるのもしかたがない。誤りを怖れて過剰な警告をためらう姿勢は、もはや科学者の習い性になっている。しかし残念ながら、彼らは慎重になりすぎて自己充足に陥る過ちも犯している。

科学者の沈黙は、最新の研究成果が描きだす恐ろしい予測を世間に知らせず、政治の後退を招く行動にも見えてしまうが、彼らなりのささやかな知恵でもある。気候変動の深刻な影響と、それにほとんど手を打てない状況に暗澹たる思いを抱え、自らに失望する同僚や研究仲間をたくさん見ている。気候の未来図を正直に語りすぎると、人びとが絶望してしまい、危機を回避する努力をあきらめるのではないか。科学者たちはそれを心配するあまり、人を動かすのは「恐怖」ではなく「希望」だという社会科学の見解に都合よく飛びついた――警告は運命論ではないし、黙りこむことが希望ではないし、恐怖も人を動かしうるのだが、そうした指摘からは目をそむけている。2017年のネイチャー誌に掲載された、学術文献の詳細な分析はそんな現状を浮きぼりにした。[※28] 気候科学者のあいだでは、「希望」と「恐怖」の中身、および伝える責任について合意が形成されているにもかかわらず、正しい語りかたや効果的な話法は考案されていないし、危険を冒してまで挑戦する者も皆無なのだ。その結果、耳に心地よい話ばかりはびこることになる。

2018年、IPCCは強い警告をこめた報告書を発表した。[※29] 気温上昇が1・5℃ではなく2℃だった場合、死の熱波にさらされ、水不足や洪水に苦しむ人の数が数千万人単位で増えるという内容だ。報告の下敷きになった研究は新しいものではないし、気温上昇が2℃を越えた場合の予測も入っていない。恐ろしい未来図は描いていないにもかかわらず、この報告は世界の研究者に対して、「よし、もう遠慮なく騒いでいいぞ」と許可を与える役割を果たした。それを受けて、科学者たちは今後どんな騒ぎかたをするのだろう。想像もつかない。

研究者たちは、揺るぎないデータを示しながら、このまま手をこまねいていたら地球にどんな危機が起きるか、耳を傾ける人に熱心に説いてきた。そしてなりゆきをじっと見ていたが、何年たっても何も始まらない。それでも彼らは、メッセージを届ける戦略を幾度も練りなおしては再挑戦してきた。研究者自身は何をすべきかわかっている。だからほんとうは大騒ぎする必要はない。ではなぜ、誰も彼らの話に耳を傾けないのか？　伝えかたの問題？　それ以外にどんな理由があるだろう。

第19章　資本主義の危機

この半世紀、行動心理学などの研究でさまざまな認知バイアスが明らかになってきたが、気候変動に関してはありとあらゆる認知バイアスが働いて、私たちの認識を歪曲《わいきょく》し、誇張している。※1その結果、恐ろしい敵が目前まで迫ってくるのを、ガラス越しに眺めているような状況が生まれている。

認知バイアスのひとつがアンカリングだ。たったひとつかふたつの例だけで全体を決めつける。自分がいまいるところは気候が穏やかだから、地球温暖化は問題なしということだ。あいまい性回避という認知バイアスもある。不確実なことを考えるのは落ちつかないから、悪い結果を受けいれることで手を打とうとする。人間がからむとたいていのことはあいまいになるが、気候に関しては、私たちがとるべき行動をめぐる議論がとくにあいまいだ。

自己中心的思考は、自分の経験だけで世界観を形成してしまう認知バイアスだ。つまり、ほかの種の存続を揺るがす脅威に鈍感だということ。一部の環境保護主義者から「人間至上主義」と容赦なく批判され、気候科学者からは「地球は生きのこるが、人間はそのかぎりではない」と釘を刺されるゆえんだ。

自動化バイアスというのもある。アルゴリズムなどに意思決定をまかせ、市場の意向にまちがいはないと信じておとなしく従う傾向だ。地球温暖化の問題も、規制も制限もない経済システムが自然になんとかしてくれるはず。これまで汚染や不平等、紛争も、それで解決してきた。

もっともこの種のバイアスは、一定量の文献をサンプルとして導きだされるにすぎない。だが破壊力が大きい認知バイアスはほかにある。たとえば、ほかの誰かが行動するのをひたすら待つ傍観者効果。自分が正しいと思っていることについて、それを支持する証拠ばかり集める確証バイアス。世界の概念を再構築する痛みに耐えるのではなく、人間の生命は永遠に続くという約束に飛びついてしまうのだ。デフォルト効果もしくは現状維持バイアスは、いまの選択を変えたがらないこと。何かを手ばなすとき、実際の価値以上の対価を要求したくなるのは授かり効果だ。行動経済学で出てくるのは、コントロール幻想バイアスや楽観バイアスだ。そうかと思うと悲観バイアスもある。こちらは最初から負けると決めてかかる態度であり、とりわけ気候問題に関する警鐘を悲惨な運命の宣告と受けとめる。こんなぐあいに、結局ひとつの認知バイアスを否定したところで、別の認知バイアスを発動しているだけなのである。

こうした認知バイアスは直感的にも納得できるし、先人の知恵を難しい用語に言いかえただけのものもある。行動経済学は、既成概念のすべて逆を行こうとする風変わりな領域ではあるが、ただこれまでの経済学を焼きなおすのではない。大学が発展し、偶然ながら工業化も始まった時代に生まれ、定着した合理主義のイメージをまとう経済学を、徹底的に否定し、矛盾をつきまくろうとする。人間の理性の地図は、自己本位と自己破滅が無秩序に混ざりあった見苦しいものであり、妥協もあればつまずきも誤解もある——そんな認識から出発しているのだ。これでよく月に行けたものだ……。

専門知識への世間の信頼が崩れかけているこの時代に、専門知識が不可欠な気候変動が進行しているのは歴史の皮肉だ。認知バイアスのひとつひとつに気候問題が接触しているのは、それだけこの問題が大きく、人間のすべてに関わっているからだろう。

市場への信頼の崩壊

となると次のキーワードは「大きいこと」だ。気候崩壊はとてつもなく規模が大きく、その脅威はあまりにも強烈なので、私たちは思わず目をそむける。[※2] 太陽を直視できないのと同じだ。すべてを飲みこむくらい問題が大きく、すぐに飛びつける代替策がどこにもなく、でも一時的な恩恵は得られる。何十年ものあいだ資本主義に安住してきた言い訳は、おおよそこんなところだろう。資本主義の終焉を想像するより、世界の終わりを想像するほうがたやすい[※3]——哲学者フレドリック・ジェイムソンは「誰かの言葉」とぼかして書いているが、いまその誰かはこう問いかけそうだ。「そんなものをなぜ選んだ?」

大きすぎる問題を前にすると、「責任者」であるはずの自分が小さく、無力になった気がする。

とりわけインターネットや産業経済といった人工の巨大システムは、壊したり介入したりできないものと考えがちだ。資本主義を刷新して、化石燃料の採掘が利益にならないようにすることは、硫黄で空を真っ赤に染め、気温を1〜2℃下げること以上に非現実的に思える。化石燃料の補助金を打ちきるのなら、地球上のすべての空気から炭素を除去する技術を開発するほうがたやすいとまで考える人もいる。

自分たちが創造した怪物におびえるという意味では、これもフランケンシュタイン問題の一種だろう。空調の効いた部屋でコンピューターを立ちあげ、新聞のウェブ版で科学欄の記事を読むとき、私たちはなぜか自然の生態系を管理している気になる。絶滅危惧種の個体数を守り、水の供給を確実に管理できるつもりになっている。ところがインターネットに対しては、そんな心境にはなれない。設計し、構築したのは人間なのに。市場資本主義にしても、その大きさが障害になってもう手を出せない。

金融危機が長く尾を引き、地球温暖化が影を落としはじめた現在は様子が少々変わってきたようだ。それでも急進的な左派から楽観的な専門家、成長以外の価値観を認めない保守派まで、誰もが気候変動の視点を資本主義の既存の視点にぴったりはめこんでいることもあって、気候のことをどうしても資本主義の枠組みのなかで考えてしまう。実際は資本主義が気候を危うくしているのに。

欧米の資本主義が優位にあるのは化石燃料のおかげという主張は、全員一致の経済的常識ではないが、社会主義左派の決まり文句[※4]で片づけるわけにもいかない。中国、インド、中東の後塵を拝し、長らく未開の辺境地だったヨーロッパが、19世紀に入ってなぜほかを引きはなしたのか。この疑問に正面からとりくんだ労作が、アメリカの歴史学者ケネス・ポメランツの『大分岐——中国、ヨーロッパ、そして近代世界経済の形成』(名古屋大学出版会)だ。ポメランツが同書で提示した答えはたったひとつ。石炭だ。

産業史における「化石資本主義」説、つまり近代経済のシステムは化石燃料が原動力だったという考えは、説得力はあるが不十分だ。石油を燃やすだけで、スーパーにいろいろな種類のヨーグルトが並ぶ物流網が構築できるわけがない。それでも化石燃料と資本主義が複雑にからみあい、それぞれが相手の運命を握っているとなると、化石資本主義という言葉はとても便利な記号になるし、そこから次の疑問も生まれてくる——資本主義は気候変動を生きのびることができるのか?[※5]

この問いかけはプリズムとなって、政治的な立場ごとに異なる答えのスペクトルを投影する。それは「資本主義」の定義にもよるだろう。地球温暖化はスペクトルの一端であるエコ社会主義を育てるいっぽうで、反対側では市場への信頼を崩壊させる。しかし取引は堅調を維持し、むしろさかんになるかもしれない。資本主義の出現以前からそうだったように、交易活動をとりまとめる全体的なシステムの外で、個人間のやりとりが行なわれる。金で買える利権をかきあつめたい者は、さらに必死になるはずだ。

ナオミ・クライン著『ショック・ドクトリン――惨事便乗型資本主義の正体を暴く』（岩波書店）は、専門家が自ら引きおこす政治の崩壊と危機に焦点を当てたもので、気候変動に対する金融界の反応が内容の主軸ではない。[※6] それでも環境危機のうねりが迫る時代に、世界のマネーエリートがどんな戦略を打ちだしてくるか明快に説いている。クラインは最近の著作で、ハリケーン・マリアの傷がまだ癒えていないプエルトリコをケーススタディにとりあげている。[※7] グリーンエネルギーが豊富なのに石油を輸入し、農業の楽園なのに食料をすべてアメリカ本土から買いいれなくてはならない。債務漬けの自治政府は、債権者集団を通じて実質的に本土に牛耳られている。

　気候変動の時代には、資本帝国の正体が露骨に明らかになる。２０１７年、ハリケーン・マリアがプエルトリコを襲った直後にソロモン・シャンとトレバー・ハウザーが行なった試算では、プエルトリコ人の所得は21パーセント減の状況が今後15年間続き、島全体の経済がハリケーン前に回復するには26年かかるという結果になった。[※8] ただしハリケーン前でも経済状況はかなり厳しかったとクラインは指摘している。それでもカリブ海にマーシャル・プランは発動されず、中心都市サンフアンを訪問したドナルド・トランプは、市民にペーパータオルを投げて終わりにした。気候変動が私たちに下す罰として、最もわかりやすい状況かもしれない。シャンとハウザーはこう書いている。「ハリケーン・マリアがプエルトリコに与えた経済的損失は、１９９７年アジア通貨危機でインドネシアとタイが受けた打撃に匹敵し、１９９４年メキシコ通貨危機で生じた損失の2倍に相当する」

資本主義システムの危機

これからの世界は、極端な気象や自然災害が頻発し、ハリケーンや洪水や熱波が発生する間隔が短くなって、農作物の生産高も労働者の生産性もがた落ちになるだろう。経済がかつてないほど揺さぶられる世界で、「ショック・ドクトリン」がどこまで通用するのか。答えはまだ見えてこない。それでも欧米一辺倒だったビジネスと金融資本主義の方向性に、少しばかり揺れが生じはじめているようだ。

これからは、小さくなるいっぽうの利益をめぐる争いが激化し、資本主義の原則がいっそう強固になるのか。過去数十年の動向から、そんな推測が出てくるのも当然だろう。だがその数十年間でも、資本主義者は上げ潮の成長という約束をちらつかせていた。これほど市場の数が増え、多様化しても、この約束は、少なくとも1989年以降はイデオロギーの基盤として世界を支えてきたのだ——それは冷戦が終結し、二酸化炭素の排出量が爆発的に増えた時期と重なる。※9

気候変動は、成長の約束を台無しにする二つの流れを加速させる。ひとつは世界全体の経済を停滞させて、地域によっては恒久的な景気後退のような状況をつくりだすこと。もうひとつは、所得格差などの形で、富める者より貧しい者が露骨に痛い目にあうことだ。これらの流れに翻弄されるなかで、世界で最も豊かな者が社会的影響力をほぼ独占している状態は、何らかの答えを出すことを迫られる。

それはいったいどんな答えなのか。不平等な結果を「公正」と主張する社会ダーウィン主義や、全体の1パーセントが富の大部分を独占する世界観は別として、資本の力が語れることはほとんどない。すべての者が恩恵を得られる新しい繁栄を錦の御旗《みはた》として、市場は不平等を正当化してきた。それは真実というよりプロパガンダに近い。21世紀初頭のグレート・リセッション後の回復に大きな差がついた事実は、先進資本主義諸国が保有資産から得るインカムゲインが、最上位の者に集中したことを教えてくれる。つまり資本主義システム全体が危機に陥っているのだ。その証拠に、右派・左派に関係なくポピュリズムの嵐がヨーロッパとアメリカに吹きあれ、自由市場の牙城からも自信喪失の空気が漂いはじめている。２０１６年、国際通貨基金（ＩＭＦ）は「新自由主義《ネオリベラリズム》は過大宣伝されていないか？」と題した報告書を出した[※10]――ＩＭＦがである。のちに世界銀行のチーフエコノミストに就任する経済学者ポール・ローマーは、資本主義の「科学」であるマクロ経済学は、物理学のひも理論と同じくファンタジーの領域であり、もはや現実世界の経済の動きを正確に説明できないと述べた。[※11]２０１８年にローマーはノーベル経済学賞を受賞したが、同時受賞したウィリアム・ノードハウスは気候変動と経済の研究では第一人者だ。ノードハウスは経済学者だけあって、炭素税を支持している。[※12]ただし「最適」と考える税率は低く、それを化石燃料の価格に上乗せしても、地球の平均気温は３・５℃上昇してしまう。

現時点では、気候変動が経済におよぼす影響は比較的軽い。アメリカの場合、２０１７年で３

060億ドルの負担増だった。[※13] だがこれからはもっと重くなる。これまで成長の約束をエサに、不平等や不正、搾取が正当化されてきたのだとすれば、将来はそこに災害、旱魃、飢饉、戦争、難民、政治の混乱が加わることになる。しかも気候変動が世界に約束するのは成長ではなく、マイナス成長だ。

自然災害に打ちのめされても、人間はへこたれない。そんな打たれづよさを信じられるのは、化石燃料を燃やしまくって工業を発展させてきた過去数百年の遺産だろう。中世には、伝染病や飢饉を踏み台に成長できるなんておよそ考えられなかった。インドネシアのクラカタウ、イタリアのポンペイに暮らす人びとに、大噴火を生きのびる発想はなかったはずだ。ならばささやかでも未来に希望をつなぐためなら、目先の繁栄が少々しぼんでもよいのではないか。「資本主義」がたんなる市場操作ではなく、自由貿易こそが正しく完璧な社会システムだという信念を意味するのであれば、大がかりな改革を覚悟すべきだろう。平均気温が3・7℃上昇したときの経済的損失は551兆ドルと予測される。[※14] 世界全体の所得の23パーセントが2100年までに消える計算だ。[※15] その影響はかつての世界大恐慌より大きく、いまだに余波が続くグレート・リセッションの10倍にもなる。しかも一過性ではない。これほどの経済衰退に耐えられるシステムは、はたして存在するのだろうか。

気候危機のドミノ倒し

もし資本主義が持ちこたえるとしたら、その代償はいったい誰が払う？

すでにアメリカでは、気候変動関連の訴訟が花ざかりだ。実際の影響はまだほとんど起きていないのに、大胆なことである。虚偽情報の流布《るふ》や、政治家への働きかけを行なった石油会社への訴訟がよく知られる。それまで利益を得てきた企業に気候変動の責任を問う図式だ。

それとは趣《おもむき》が異なるのが、「ジュリアナ対連邦政府」、別名「子どもたち対気候」裁判である。地球温暖化に何十年も適切な対策をとらず、環境コストをいまの子どもたちに先おくりしているというのが原告の主張だ。親や祖父母の投票で成立した政府に、子どもたちが未来の世代も代表して物申している。利益を得てきた世代に責任を問う第二の図式である。

さらに、化石燃料を燃やして利益を得てきた帝国全体を訴えるという、第三の図式もある。パリ協定を話しあう会議室ではすでに行なわれていたが、もう法廷で正式に争うべきかもしれない。気候変動で深い傷を負うのは、ほかならぬ帝国臣民の子孫たちである。その重い事実に触発され、「気候正義」を旗じるしに政治的な抗議活動も起きている。

こうした訴訟がどんな展開を見せていくのか。それは今後数十年間の選択や行動しだいだろう。搾取を重ねてきた帝国は態度をあらため、真実を正直に明かし、過失を認めたうえで、賠償や支援や和解といった対応をとりはじめている。だが裕福な先進諸国が、温暖化の被害を最も受ける貧しい国々に気候負債を押しつけていることは、まだほとんど認知されていない。発展途上国の悲惨な現状と、そこから浮かびあがる搾取の事実は身も蓋もないため、国どうしの高尚な協力活動にいたらず、多くの国が目をそらしたり、否定の殻にひきこもったりしている。

地球温暖化がもたらす被害は、もちろんまだ正確には把握できない。しかしそこで発生する気候負債は、歴史的に見ても莫大なものになる。それは国単位で背負ったり、まともに返済できる限度をはるかに超えるだろう。

話が大げさだと思われるかもしれないが、たとえば大英帝国は、化石燃料を燃やした煙で飛躍的に拡大していった。そのせいでバングラデシュの湿地は水没し、インドの都市は暑さで焼けこげそうになっている。20世紀のアメリカはそこまで露骨な支配はしなかったものの、大国の力を振りかざして、中東諸国の多くを石油パイプラインで縛る従属国にした。そうした国々は夏の暑さが限界を超え、イスラム教徒の神聖な行事であるメッカ巡礼が、毎年大量死の舞台になっている。その責任はどこにあるかという議論を抜きにして、いまの地政学は成りたたない。なにはともあれ気候危機のドミノ倒しを阻止しなければ、青くさい理想論はたちまち足元をすくわれるだろう。

もちろん石油会社、政府、国家は、気候責任を軽くするために画策するだろう。もしそれが頓挫すれば、わかりやすい悪役とその取り巻きが、舞台から全員退場ということにもなる。そうなったら、矛先を変えて負債の分担を迫れる相手はもういなくなる。

1年で30兆ドルの処理コスト

もし平均気温の2℃、あるいは3℃上昇を食いとめることに成功しても、巨額の請求書が回ってくる。ただし名目は負債ではなく、適応と緩和だ。1世紀におよぶ産業資本主義が、私たちの生きられる唯一の星に与えた損害を解消するために、新しいシステムを構築して運営していく費用である。

脱炭素経済、100パーセント再生可能なエネルギーシステム、農業の抜本的改革、さらには肉なし社会の実現……とてつもない費用がかかる。2018年、IPCCは世界に必要な変革を第二次世界大戦中の総動員にたとえた。ニューヨークはひとつの地下鉄路線で三つの新駅をつくるのに45年かかった。気候変動に立ちむかうには、世界全体のインフラを丸ごとつくりかえなくてはならない。しかも短期間で。

そうなると、一発で効く万能薬に飛びつきたくもなる。そこでふたたび顔を出すのが、ネガティブエミッション技術だ。だが森林再生や農業手法の刷新といった「自然派」にしろ、二酸化炭素回収装置のような「技術派」にしろ、ネガティブエミッション技術を導入するには世界経済をまったく別物につくりかえる必要がある。これまでは、ほかがすべて失敗したときの最後の手段という位置づけだったが、最近は気候変動対策の目標にかならず組みこまれている。平均気温の上昇を2℃未満に抑えるために、IPCCが用意した排出モデル400種類のうち、344種類にネガティブエミッション技術が関わっている。[※16] だが残念ながら、この技術は現時点ではまだ理論の域を出ていない。では環境保護主義者が熱心に進める「自然派」の方法はどうかというと、こちらも高い壁が立ちはだかる。一説によると、耕作可能な土地の3分の1を森にする必要があるという。[※17] しかもやりかたがまずいと、大気中の二酸化炭素を吸収するのではなく、かえって増やしかねない。

地球全体に二酸化炭素回収プラントをつくりまくる発想はなかなか魅力的だ。そのための技術はすでに確立している。ウォレス・スミス・ブロッカーによれば、装置は自動車と同じぐらい複雑で、費用もおおむね3万ドルといったところだ。いまの排出量に対応するには、ざっと1億台必要になるとブロッカーは計算する。費用は世界のＧＤＰの4割に相当する30兆ドル。大気中の二酸化炭素濃度を数ｐｐｍ減らそうと思ったら5億台、20ｐｐｍなら10億台だ。ここまでやれば限界値よりかなり後退して、時間稼ぎもできる。ただし費用はかかる。もう計算した読者もいるだろうが、３００兆ドルだ。世界のＧＤＰの4倍近い。

今後費用が下がることも考えられるが、そのあいだにも二酸化炭素の排出量と大気中の濃度は増えるいっぽうだ。ハーバード大学の応用物理学者デイビッド・キースは２０１８年に、1トン当たり94ドルの低コストで二酸化炭素を除去できるという研究を発表している。[※18] 世界全体で1年に排出される二酸化炭素３２０億トンを処理するのに、約30兆ドルかかる計算だ。[※19] 途方もない数字に思えるが、いま世界では、化石燃料関係の補助金として1年当たり5兆ドル支払われている。キースによると、二酸化炭素の排出を抑えるほうが、あとから回収するより断然安あがりだが、例外もあるという。たとえば航空機のジェットエンジンは、二酸化炭素の排出量を減らすのがかなり難しい。そのため当面の時間稼ぎとして除去技術を活かす余地がある。アメリカはパリ協定から離脱を宣言した２０１７年に、主に富裕層の要望にこたえて２・３兆ドルの大型減税を実施した。[※20]

第20章　テクノロジーは解決策となるのか？

私たちを救うのはテクノロジーだ。だがシリコンバレーの未来主義者たちが提起するのは、おとぎ話に毛が生えたようなものばかり。画期的な事業を立ちあげたり、そこに投資したりする人間は、世界の未来を見とおす占い師のようにもてはやされてきたが、気候変動を本気で案じている者はほとんど見あたらない。グリーンエネルギーに申し訳程度の投資をしたり（イーロン・マスクとビル・ゲイツは別だ）、たまに慈善活動に寄付したりするぐらいで（ここでもビル・ゲイツは別）、エリック・シュミットが言ったように[※1]、気候変動はすでに解決ずみとばかりにすましている。それは技術革新、なかでも自分で勝手に賢くなってくれる人工知能（ＡＩ）の進歩を考えれば、いずれ解決策は見つかると高をくくっているだけなのだが。

テクノロジーを、気候変動のみならずすべての問題とその解決策を包含する上部構造に祭りあげる見かたもある。それに従うならば、テクノロジーの唯一の脅威はテクノロジーから出現することになる。シリコンバレーの連中が気候変動よりＡＩを恐れる理由もそれだろう。自分たちが野に放った技術が力を持ちすぎることが、真の恐怖なのだ。カウンターカルチャーの永遠の聖地、ベイエリアで、スチュアート・ブランドの全地球カタログ誌をきっかけに出現した世界観が、奇妙な進化を遂げつつある。政治の圧力にさらされるソーシャルメディアが、いまひとつ鈍い対応しか見せないのもそういうことだ。SF作家テッド・チャンは、AIが絶対君主となり、その意のままにビジネスが展開する未来への恐怖をこんな風に書いている。

考えてみてほしい。悪い結果の可能性などおかまいなく、とりつかれたように目標に向かって驀進《ばくしん》する。市場シェアを高めるためなら、焦土作戦もいとわない。そんなAI流イチゴ狩りが猛烈な勢いで拡大し、ライバルを破壊しつくして、絶対的独占を勝ちとる。スーパーインテリジェンスという言葉は定義があいまいで、世界のどんな問題も解決してくれるありがたい精霊にもなれば、人間の理解をはるかに超えた抽象的な定理を証明するスーパー数学者にもなる。だがスーパーインテリジェンスと聞いてシリコンバレーが思いうかべるのは、ルール無用の資本主義だ。※2

人類が滅亡するレベルの脅威を、一度に二つ以上頭で考えるのは難しい。それをやってのけるのが、AIを論じる哲学者ニック・ボストロムだ。2002年に発表した論文のなかで、彼は「生存リスク」を23種類あげている。※3 生存リスクとは、「何らかの有害ななりゆきによって、地球生まれの知的生命が根だやしになるか、その能力が恒久的かつ徹底的に損なわれる」ことを意味する。

制御不能に陥ったＡＩが人類の存在そのものを脅かす――そんな運命を思いえがく知識人はほかにもいるが、気候変動を要因に加えているのはボストロムだけだ。彼独自のリスク分類のひとつに「バン」がある。その定義は「地球生まれの知的生命体が、偶発もしくは故意の破壊行為が引きおこすとつぜんの災害で絶滅する」というもので、気候変動はここに入っている。

「バン」に分類されるリスクは気候変動だけではない。さらにボストロムは、気候変動に隣接するリスクとして「資源枯渇もしくは生態系破壊」をあげている。これは「クランチ」と名づけたリスクに分類される。「生命は何らかの形で継続するが、人類がポストヒューマンへと進化する可能性は完全に閉ざされる」という。クランチに入るリスクはほかにもあるが、最も象徴的なのが「テクノロジーの縛り」、つまり「技術的な困難が露呈して、ポストヒューマンへの移行が無理だとわかる」ことだ。ボストロムが規定したリスク分類はあと二つ。「シュリーク」と「ウィンパー」だ。前者は「ポストヒューマンが部分的に実現するものの、可能性の幅が狭すぎて少しもありがたくない」こと。後者は「ポストヒューマン文明が誕生するが、進化がおかしな方向に進んで、価値あるものが完全に消滅したり、ほんのわずかしか実現しなくなる」ことだ。

すでにお気づきのように、ボストロムは「人類滅亡のシナリオ」の分析から始めているにもかかわらず、人類が出てくるのは「バン」までで、そこから先はポストヒューマンや「トランスヒューマン」の話に終始している。テクノロジーの発達で人類は一線を越え、進化の枝わかれが起きたとしか言いようのない新たな状態に移行するということだ。具体的には、ナノボットが血管内を縦横無尽に動き回ってガンを診断したり、ひとりの人間を丸ごとコンピューターにアップロードすることだったりする。人新世の議論にも通じるところがありそうだ。荒廃した環境のなかで生きていく重荷はどこへやら、テクノロジーが苦境からの脱出速度を与えてくれるのだろうか。

こうした未来像をどこまで本気にするかは判断が難しいところだが、シリコンバレーの未来主義者たちのあいだではもはや常識に近い。[※4] 彼らは、前世紀にいまの未来を形づくったNASAやベル研究所に続く立場にあるが、未来の実現に要する時間に関しては意見がいろいろだ。ペイパル創業者のピーター・ティールあたりは、技術革新の遅さにいらついているかもしれない。彼は不老不死の怪しげな研究に投資したり、文明崩壊をまぬがれると信じてニュージーランドに土地を買ったりしている。Yコンビネーターの会長サム・アルトマンは、すべての人に一定額の所得を保障するベーシックインカム・プロジェクトを試行したり、気候工学で環境問題を解決する提案を募集したりと、テクノロジーを通じた社会活動に熱心だ。最近では、生身に宿る精神をコンピューターに保存する脳アップロードプログラムに申しこみ、手付金もすでに払ったという。

ポストロムにとって、人類の目的はポストヒューマンをつくりだすことだ。科学技術者の最大の任務は人類の繁栄と幸福を実現することではなく、永遠に続く次の存在への門戸を開くことだ。だがそこをくぐれず、置きざりにされる人は多い。高速でインターネットに接続できない人は、まだ世界に何十億人といるのだ。使いきりのSIMカードでは、脳の中身をクラウドにアップロードするのは難しい。

置きざりにされる人びとは、すでに気候変動で痛い目にあっている。それは人類全体のリスクでもあると考えるのは、ボストロムひとりではない。大きな気候災害が起きるたびに、何千、何万という科学者が警戒を呼びかける。「存在の脅威」を繰りかえし語るバラク・オバマを、ヒステリックと笑うことはできない。それでも人びとはテクノロジーという明るい面につい目を向けたがる。だが、地球以外の星を植民地にするとか、テクノロジーで生き物としての限界を超えるといった荒唐《こうとう》無稽《むけい》の話はさておき、気候変動による人類滅亡の可能性を前に、慰めや目的を与えてくれる宗教のようなよりどころはまだ生まれていない。

テクノロジーへの幻想

肉体を脱却し、世界を超越する。それはもちろん宗教的な幻想だ。

前者は特権意識の表われのようなものだから、大富豪がやりたがるのは当然の流れだろう。後者はいまの環境が崩壊したときに備えて、予備の生態系を確保しておこうという戦略的な反応だ。だが解決策はつねに合理的とはかぎらない。気候変動は地球上の生活の根幹を揺るがす。ただどれだけ環境が悪化したところで、火星の乾ききった赤土よりはるかに居住適性は高い。火星の赤道付近は、真夏でも夜になると零下70℃を下回る。地表に水はなく、植物も皆無だ。火星にしろほかの惑星にしろ、ドーム型の小さな居住地を建設することは可能だろうが、とんでもない費用がかかる。それなら地球上に似たような人工生態系をつくるほうが安あがりだ。地球温暖化の解決策として宇宙植民を提案するのは、完全に妄想の域に入っている。

宇宙旅行のチケットに手が届かない庶民は、スマートフォンや映像配信、ライドシェア、さらにはインターネットそれ自体を手段として想像をふくらませる。環境が悪化した世界で生きる苦悩から、少しでも逃避しようと試みるのだ。

作家クリスティーナ・ニコルのエッセイ「私の方丈記[※5]（An Account of Hut）」は、ベイエリアで家探しに奔走し、気候変動の足音を間近に聞いた2017年の記録だ――その年はハービー、イルマ、マリアとハリケーンの当たり年でもあった。そのなかに、IT業界で働く若い男性と話をする場面がある。気候変動の脅威はまったく予測がつかないと強調するニコルだが、「なんでそんなに心配するの？」と相手は意に介さない。

「テクノロジーが全部解決してくれるよ。地球が逝《い》ったら宇宙船で生活すればいい。食べ物は3Dプリンターが切りだしてくれる。合成肉だってあるし。乳牛1頭で世界全体を養えるよ。原子を組みかえれば水や酸素は無尽蔵だ。イーロン・マスクをやるんだよ」

イーロン・マスク――それはもはやスペースXやテスラのCEOの名前ではなく、人類生存戦略なのか。ニコルは「でも宇宙船暮らしなんていやだな」と言った。

彼は心底驚いた様子だった。宇宙船で生活したくない人間にお目にかかったことがないようだ。

国際的な枠組みの急務

テクノロジーはきつい労働や物資の欠乏から人間を解放してくれる。その夢は少なくともジョン・メイナード・ケインズからずっと続いている。[※6] 孫たちの世代は週に15時間しか働かずにすむとケインズは予言したが、あいにくそれは大はずれだった。１９８７年にノーベル賞を受賞した経済学者ロバート・ソローもこう言った――コンピューターの時代[※7]とそこかしこで言われるが、生産性統計からは見えてこない。

それから数十年、先進諸国の人のほとんどはこの言葉を痛感してきたはずだ。技術が急速に進歩して生活のあらゆる面が大きく変わっているのに、経済的幸福を実現する手段はちっとも進歩していない。ネットフリックスやアマゾン、インスタグラムにグーグルマップと、お楽しみの選択肢は格段に増えたにもかかわらず、自分たちは昔いたところからほとんど動いていないのだ。

鳴り物入りで始まった「グリーンエネルギー革命」も同様だ。たしかにエネルギーの生産性向上とコスト低下は予測を上回る勢いで実現したのに、二酸化炭素の排出量曲線はずっと上を向いたままだ。ヒッピーたちが太陽光パネルをジオデシックドームに貼りつけた時代から、何ひとつ進んでいない。それは市場が汚れたエネルギー源からきれいなエネルギー源に移行せず、従来のシステムに新しい能力を追加するだけで終わらせてきたからだ。

再生可能エネルギーのコストは25年前より劇的に下がっており、もはや同じ物差しで比較するのも難しい（たとえば太陽エネルギーのコストは、２００９年とくらべても80パーセント以上減少している）。それなのに再生可能エネルギーが全体の使用量に占める割合は、１ミリも増えていない。太陽は化石燃料を侵食するどころか、陰ながら後押ししているのだ。市場ではそれを成長と呼ぶのかもしれないが、人類にとっては自殺行為に等しい。石炭の消費量は、２０００年以降80パーセントも増えている。

だが、きれいなエネルギー源に移行することが最終目標ではないと主張するのは、未来派の活動家アレックス・ステッフェンだ。そんなのは手が届く低い枝の果実だと。次はさらに汚れているガスエンジンを標的にして、「動力を使うものをすべて電化」するのが宿題だという。さらにはエネルギー需要を減らし、物やサービスの提供方法を刷新する宿題も片づけなくてはならない。世界のサプライチェーンは汚れたインフラで成りたっていて、労働市場にも汚れたエネルギーが使われているのだ。森林伐採、農業、家畜、埋めたてなどからの排出もゼロにしなくてはならない。同時に、自然災害や極端な気象から人間社会のあらゆるシステムを守る必要もある。それを進めていく世界政府のような組織、少なくとも国際協力の枠組みも確立しなくてはならない。その先にいちばん大変な宿題が待っているとステッフェンは強調する。それは「活力にあふれ、持続可能な形で繁栄する未来をともに思いえがき、それを漠然と期待するのではなく、積極的に実現しようとする文化的な潮流をつくること」だ。

ただ最後だけは違和感がある。ステッフェンほどの知見がなくても、思いえがくことなら誰でもできる。というより、私たちはすでに解決策は思いえがいているし、それどころか現実化もしている。少なくともグリーンエネルギーはそうだ。まだ見つかっていないのは、解決策を当てはめ、実行に持っていくだけの政治のやる気、経済の腕力、文化の柔軟性だ。なにしろ世界のエネルギーシステム、輸送網、インフラ、工業、農業、さらに私たちの食生活や投資欲まで徹底的にオーバーホールしなければならないのだ。ビットコインの取引が、大西洋を飛行機で１００万回横断するのと同じだけの二酸化炭素を排出していることを忘れてはならない。[※8]

エネルギー革命は４００年かかる

気候変動はゆっくり進行すると思われているが、実は驚くほど速い。それに対抗するための技術はすぐ実現すると思われているが、残念ながらもどかしいほど時間がかかる。だから環境保護運動家ビル・マッキベンは、遅すぎる勝利は敗北に等しいと指摘する。「世界規模で迅速に動きださないと、問題は解決不能になるだろう。２０７５年にどんな決断をしようともう手おくれだ」[※9]

技術革新それ自体はたやすいことだ。「未来はもうここにある。全員に配達されていないだけだ[※10]」というSF作家ウィリアム・ギブスンの言葉もそれを指している。それでも最新技術がすばやく浸透していると考えちがいをするのは、iPhoneのような道具のせいだろう。アメリカ、スウェーデン、日本の市場では、iPhoneは、市場を席捲したように思える。だが発売から10年が過ぎたいま、世界でiPhoneを使う人は10パーセントに満たない。[※11]「格安」系も含めたスマートフォン全部をひっくるめても、せいぜい4分の1、3分の1だ。[※12]携帯電話とかインターネットまで範囲を広げても、世界に完全に定着するまで少なくとも20年、30年はかかる。つまりテクノロジーはそれだけ時間がかかるのだ。しかしIPCCによると、私たちは2030年までに二酸化炭素の排出を半分に減らさなくてはならない。時間が長くなればなるほど、実現は難しくなる。アル・ゴアが僅差で大統領になりそこねた2000年に脱炭素を本格的に開始していたら、年間わずか3パーセントの排出量削減で気温上昇2℃未満の目標は余裕で達成できたはず。[※13]しかし排出量が増えるいっぽうのいままでは、年10パーセントは減らさないといけない。さらに10年遅くなろうものなら、年30パーセントになる。アントニオ・グテーレス国連事務総長が、路線を変更して行動を開始するまであと1年しかないと危惧するのはそういうことだ。[※14]

だがやるべきことはあまりに多く、あまりに範囲が広い。電気や電話、農業の発明といった人類史最大の技術革命さえ小さく見えてしまうほどだ。いままで実現してきた技術は例外なく炭素頼みだったから、それも当然だろう。空気を入れかえるように、すべてを根っこごととりかえなくてはならない。

社会のあらゆるシステムを炭素依存から脱却させるのは、グーグルがケニアやプエルトリコでスマホを配ったり、無線インターネットができる気球を飛ばしたりするのとはわけがちがう。むしろ州間高速道路網や地下鉄網を建設したり、新エネルギーの生産者と消費者を結ぶ供給網を整備したりするようなレベルだ。いや、「ような」ではなくそのものずばりであり、それ以上だろう。人間の活動のあらゆる階層で、航空機の刷新から土地利用の変更まで、すみずみにわたってインフラを集中的につくりかえる必要がある。世界で二番目に炭素集約度の高い分野であるコンクリート製造も見なおしが迫られるだろう。中国のおかげで、コンクリート需要はすさまじい勢いで加速している。中国がこの3年間に流しこんだコンクリートは、アメリカが20世紀の100年間に使用した量を上回っているのだ。[※15] セメント業界をひとつの国と考えたら、二酸化炭素排出量で世界第3位に躍進する。

これほどの規模でのインフラ刷新は、過去に誰も経験したことがない。これまでのシステムを修整する程度ではすまない話で、新しいものに完全に置きかわる。だが「汚れた」既存システムを引退させ、新規のシステムを導入する際には、利害が関わる企業や、いまの生活に満足していて変化を望まない消費者から強い抵抗があるだろう。

グリーンエネルギー革命はすでに「進行中」だが、ゼロカーボン革命の成功に不可欠なクリーンエネルギーの実現はまだ遠い。いったいどのくらい先なのか。現在カーネギー研究所に所属するケン・カルデイラが2003年にはじきだした試算では、気候変動の壊滅的な影響を避けるには、2000年から2050年までの毎日、クリーンな発電能力を持つ原子力発電所1基分を追加しなくてはならないという。[※16] 2018年、期間があと30年となったところでMITテクノロジー・レビュー誌がこれまでの進捗ぶりを評価したところ、この調子だとエネルギー革命が完了するまで400年はかかるという結果になった。[※17]

400年もかかっていたら、文明が丸ごと滅びてしまうのでは……？　そんな脅威にまぎれてしのびこんでくるのが、ネガティブエミッションという夢だ。現代世界の自滅を防ぐために、インフラ全体をつくりなおしたいが、とりあえず時間稼ぎで二酸化炭素を空気中からとりだしておこう。気候変動の問題のなかで、ネガティブエミッション技術はもはや神だのみ、最後の望みに近い。これが成功すれば、二酸化炭素回収プラントは工業化の罪を一気に帳消しにすることだろう。

テクノロジー依存の危険

テクノロジーは、現代化が生態系に残した負の遺産を清め、罪の痕跡さえも消してくれるかもしれない——そんな願いがネガティブエミッション幻想を支えている。

風力発電、太陽光発電から無意識に受けとる印象も似たりよったりだ。クリーンエネルギー、自然エネルギー、再生可能で持続可能なエネルギー、けっして枯渇しない無尽蔵のエネルギー、資源を減らすのではなく自然を利用するエネルギー、豊富で無料のエネルギー……。1950年代に原子力発電が始まったころの宣伝文句もちょうどこんな感じだった。けれどもそれから半世紀以上たった現在では、不気味な亡霊でしかない。

だが最初からそうだったわけではない。1953年の国連演説「平和のための原子力」で、ドワイト・アイゼンハワー大統領は良心と引きかえの取引を世界に持ちかけた。原子力という恐ろしい技術を最初に開発した償いとして、核兵器開発をしないと明言した国には原子力発電所の建設を支援しよう。

軍人にしては抒情的で哀調を帯びた演説で、現代の読者は気候変動の脅威の訴えと通底するものを感じるにちがいない。終戦からわずか8年で、アメリカの原子力艦隊の能力は25倍に拡大し、もはや米ソの核対立の構図は避けられなくなっていた。アイゼンハワーはこの事実に素直におのtherefore、こう続けている。

ここでやめるのは、文明が破壊される可能性、世代から世代へと受けつがれたかけがえのない遺産の消滅、野蛮を脱却して品位と公正と正義を勝ちとる戦いをまた一から始めようという宣告を甘んじて受けいれるということだ。これほどの荒廃のなかに勝利を見いだすのは正気の沙汰ではない。そんな人類の退廃と破壊に自らの名を連ねたいと誰が思うだろう？　歴史をひもとくと、「強大な破壊者」の顔がときおり現われるものの、全編を通じて語られるのは平和への飽くなき探求であり、天が人間に与えた構築能力なのである。

このときアメリカ人は、「天が人間に与えた構築能力」とは原子力のことだと屈託なく解釈したかもしれない。だがそれから少なくとも一世代が過ぎた。そのあいだに世界は原子力が「無料」だと信じるのをやめ、核戦争、メルトダウン、突然変異、ガンという単語を連想するようになった。スリーマイル、チェルノブイリ、福島と原発事故の地名を思いだすのは、それまでに多くの傷が刻まれてきた証拠でもある。

だがその傷は妄想でしかない。スリーマイル島原発事故の死者数はいまも論争が続いており、放射線被害が過小報告されているという意見も根づよい。公式見解では健康への悪影響はなしと言いきっているからなおさらだ。ただし信頼できる研究では、事故現場から半径16キロメートル以内での発ガンリスクの増加は、0・1パーセント未満となっている。チェルノブイリの場合、公式の死者数は47人となっているが、[※18] 4000人という見かたもある。[※19] 福島については、国連の報告書が「放射線に被曝した者およびその子孫に、放射線関連の健康被害が明らかに増加するとは考えられない」と結論づけている。[※20] だが避難指示区域の住民10万人がそのままとどまっていたら、放射線関連のガンで数百人は死亡していたかもしれない。

数に関係なく死は悲劇だ。世界では化石燃料を燃やしてできる微粒子が原因で、毎日1万人以上が死んでいる。地球温暖化とその影響を持ちだすまでもない。2018年にアメリカの環境保護局が提案した石炭生産の汚染基準が採用されれば、アメリカでの死者はさらに年間1400人

増えるだろう。[※21]　環境汚染による死者は世界全体で毎年900万人になる。[※22]
　これだけ汚染が広がり、多くの死者が毎年出ているのに、私たちはまったく気づいていない。独特の曲線を描く原発のコンクリートの塔は、チェーホフの銃のように地平線に屹立《きつりつ》する。最近では、安価な原子力エネルギーをつくるあの手この手の試みが進められているが、それでも原発の新設には莫大な費用がかかる。風力や太陽光ではなく原子力に「グリーン」な投資を呼びこもうとしても、説得力がまったくない。既存原発の廃炉や解体も議論がなかなか進まないが、[※23]　こちらはすでに実行に移されている。アメリカではスリーマイル島とインディアン・ポイントの閉鎖が決まった。ドイツは世界最先端のグリーンエネルギー政策を実施し、原発の稼働停止を進めており、アンゲラ・メルケル首相は「気候変動と戦う首相」と呼ばれるようになった。
　健やかでクリーンな自然が人間の侵入と介入で毒された——環境保護主義のそうした視点は、放射線汚染を危惧する人びととも通じるものがある。だが「テクノロジー教」の教えはむしろ逆だ。スマホ画面のなかの世界こそが現実であり、緊急性があり、意味がある。そこでは実際とちがって環境崩壊も起こらない。アンドレアス・マルムは「気温が6℃上昇した世界で拡張現実ゲームをプレイして楽しいのか？」と疑問を投げかける。[※24]　詩人で音楽家のケイト・テンペストはさらに辛辣《しんらつ》だ。「画面とにらめっこしていれば、地球が死ぬのを見なくてすむ[※25]」
　テクノロジー教の教義をすでに実践中の人も多いだろう。撮りまくった赤ん坊の写真をスクロールするのに忙しくて、目の前にいる本物をちっとも見ていない。妻や夫が一生懸命話しているのに、ツイッターを読むのに夢中。シリコンバレーの批評家たちまで、一種の依存症状態と考えるほどだ。だが依存症はどれも価値観の表出だ。画面の世界のほうが価値がある、安全だと判断される以上、そちらのほうが「好ましい」のである。「好ましさ」はしだいに大きく成長し、文化のように伝播していくが、そのあいだにも現実世界は荒廃が加速する。いまから一世代もすれば、テクノロジー依存さえも環境への「適応力」として評価されるのかもしれない。

第21章　政治の弱体化

２０１８年4月14日、土曜日。もうすぐ夜が明けようというころ、60歳の男性がブルックリンのプロスペクト公園にやってきて頭からガソリンをかぶり、火をつけた。焼死体を囲むように地面の草も丸く焦げ、かたわらに手書きのメモがあった。「私はデイビッド・バッケル。抗議の焼身自殺をしました。ご迷惑をおかけします[※1]」。だが迷惑どころか、彼は火が燃えひろがらないよう、まわりに盛り土までしていた。

バッケルはタイプライターで打った長文の手紙を新聞社に送っていた。「地球上の人間は化石燃料が汚した不健康な空気を吸い、そのせいで早死にしている――私が化石燃料で早死にするのは、人間が自らにやっていることの象徴だ。我々の現在は絶望の度合いがいっそう増し、未来はこれまでやってきた以上のことが求められる[※2]」

政治的な意味をこめた自殺は、ベトナム戦争のころから知られるようになった。ベトナムの僧侶ティック・クアン・ドックが、サイゴンで自らに火を放ったのは１９６３年のこと。数年後、

31歳のクエーカー教徒ノーマン・モリソンが国防総省前で焼身自殺をした。かたわらには1歳の娘がいた。そのわずか1週間後には、カトリック労働者運動に参加していた元神学生ロジャー・アレン・ラポルテが国連本部前で自分に火をつけた。残念ながらこの流れはいまも続く。アメリカでは２０１４年以降、６人が抗議の自殺をした。中国ではチベット政策もからんでもっと数が多く、２０１１年10月から翌２０１２年3月までに32人が自殺している。２０１０年に始まったアラブ世界の民主化運動「アラブの春」も、きっかけはチュニジアの露天青果商の焼身自殺だった。

バッケルは遅咲きの環境活動家で、それまでは弁護士として同性愛者の権利を求める裁判を熱心に行なっていた。工業活動ですっかり病んでしまった自然を回復させるには、プロスペクト公園を通るふつうの人びとには想像もできないことをしなければならない。彼は新聞社に送った手紙でそう主張していた。

バッケルの死は警鐘となり、とくにブルックリンのふつうの住民の意識に影を落とした。気候変動の危機に対処するには、美辞麗句を並べた共感や同族意識への安住、意識の高い消費行動をはるかに超えたレベルで、政治に関与しなくてはならない。

それはいうならば、肉を食べ、飛行機に乗り、リベラルに投票するが、まだテスラに乗りかえていないすべての消費者に対する告発だ。告発の矛先は別のタイプの消費者にも向けられる。食事も友人づきあいも、ポップカルチャーの好みさえも、ヘッドセットが見せてくれる拡張現実のなかだけで完結。興味のない事柄、自分が一段上の特別な存在だと思えない話題については、一石すら投じることもできない人びとだ。

これからは大学や自治体、国家のあいだで倫理の拡張合戦となり、「便利さの剝奪」第一号をめざす争いが激しさを増すだろう。[※3]自動車の乗り入れは禁止。住宅の屋根をすべて白く塗る。住民が食べてよいのは、地元で水耕栽培した農産物のみ。自動車や鉄道や飛行機で運んできたものはご法度《はっと》だ。しかしリベラル派の「総論賛成・各論反対」もなお健在だ。２０１８年、民主党の地盤のひとつワシントン州では、住民投票で炭素税の導入が否決された。またフランスでも１９６８年の五月革命以来の大規模な反政府デモが起きたが、こちらもきっかけは燃料税の引きあげだった。裕福で開明的なリベラルがいちばん守りの態勢に入るのが気候問題ではないだろうか。政治的信条や消費行動に関係なく、金持ちほどカーボンフットプリントは高い。

アル・ゴアの電気消費量がウガンダの平均との比較で批判されたことがあるが、著名人の偽善をあげつらうことが問題の核心ではないだろう。格差を許し、さらに広げ、そこから利益を得ようとする政治と経済の構造に注目すべきだ。フランスの経済学者トマ・ピケティの言う「正当化装置」である。[※4]二酸化炭素排出量で世界の上位10パーセントの企業がＥＵ平均まで削減すれば、それだけで排出量は35パーセント落ちる。これは個人が食生活で気をつけるぐらいではだめで、政策から変えなくてはならない。人間関係が政治の要となっている今日、偽善は大罪だが、同時に大衆の願望も表わしている。オーガニック食品を食べるのはたしかに良いことだ。しかし気候変動を食いとめることが目標であれば、投票行動のほうがはるかに重要だ。個人の倫理観を何倍も増幅するのが政治なのだ。

ネオリベラリズムがもたらしたもの

健康をひとつの潮流としてとらえるのは難しい。最近でも、自転車エクササイズのソウルサイクル、グウィネス・パルトロウが創設した健康志向ブランドのグープ、ジュースバーのムーンジュースへの反応は冷やかし半分だ。[※5]その効能がどれほど疑わしくとも、また市場でどう印象操作されようとも、とくに気候変動の影響をまだあまり受けていない裕福な人びとのあいだでは、健康がひとつの明確な信念として定着しつつある。彼らは、いまの世界はすっかり毒されているから、自己を律し、純化しなければならないと信じているのだ。

「ニュー・ニューエイジ」もそんな信念から生まれたものだ。瞑想、幻覚剤アヤワスカの使用、水晶ヒーリング、ネバダ州で毎年開催される祭「バーニング・マン」、LSDの微量摂取などは、世界をより純粋で、清潔で、持続可能なものに変え、大きなひとつの存在にしていくための手段である。気候崩壊が目に見える形で急速に進み、人びとが泥沼から抜けだそうともがけばもがくほど、純化信仰は広がっていくだろう。スーパーの棚に、「有機」や「放し飼い」だけでなく、「二酸化炭素排出ゼロ」をうたった食品が並ぶ日も遠くなさそうだ。遺伝子組みかえ作物は病んだ地球の象徴どころか、農業の危機を部分的にでも救う解決策となる。エネルギーの分野では原子力が同じ役割を果たすだろう。だが環境への懸念を声高に叫んでいる純化信者からすれば、どちらも発ガン性の不安が大きい。

もちろん、そうした不安にも根拠と整合性がないわけではない。チェリオ、クエーカーオーツなど全米で知られたオーツ麦食品に、ガンとの関連が指摘される除草剤ラウンドアップが残留していたことが判明したときがそうだった。[※6] 国立気象局では、北米全土に広がる山火事の煙の健康被害を警告し、市販のマスクで効果のあるものとないものを具体的に示している。[※7] 環境崩壊への終末論的な不安が高まるにつれて、純粋さを衝動的に求める動きは文化の傍流から本流に移っていくだろう。

消費や健康への意識拡大は、ネオリベラリズムが高々と掲げた理念――消費者の選択それ自体が政治行動であり、広告は政治的信念の正しい表明である――から派生した言い訳的なものだ。市場のコンセンサスの名のもとに、政治論争が鳴りを潜め、イデオロギー論争が追放されて、スーパーやデパートで「賢い買い物」をすることが、世界のためになるのである。

ネオリベラリズム。この言葉を左派が悪口で使うようになったのはグレート・リセッション以後のことであり、それまではただの名称だった。20世紀後半に欧米の民主主義諸国で市場、とくに金融市場の力が急成長したこと、そうした国々で中道主義路線が定着し、民営化や規制緩和、企業優遇税制、自由貿易が拡大したことを表わす言葉だったのだ。

ネオリベラリズムは成長の約束と引きかえに50年間強く支持されてきた。だが世界全体がネオリベラリズム一色に染まるあまり、その欠点や矛盾や盲点さえも見えなくなった。

ネオリベラリズムでくくると、ブレグジット騒ぎのイギリスもハリケーン・マリア後のプエルトリコも同じ経験になる。それぞれの欠点や矛盾や盲点を認められないまま、さらなるネオリベラリズムを提唱するだけで終わるだろう。こうして「野放図な市場」は気候変動の進行を放置したにもかかわらず、地球を荒廃から救う原動力のように語られる。いま富裕層のあいだでは、指導者のいない道徳的慈善活動モデルに代わって、慈善活動と利益追求を並行させる「慈善資本主義[※8]」が主流になっている。勝ちぬき経済で優勝して利益をひとりじめした者が、慈善活動で自らの地位を補強するのだ。その結果、非営利の活動でも費用対効果を計算して「効果的な利他主義」をめざすようになり、「施しをする」文化が大きく変質した。資本主義に打ちこむ批判のくさびだった「モラル・エコノミー[※9]」という言葉が、ビル・ゲイツのようなひとりよがりの慈善活動をする資本家を表わすようになったのだ。

階層の下のほうでは、容赦ない競争がつくりあげた疲弊する社会システムのなかで、日々の生活に苦闘する市民まで起業家になって、市民としての価値を示すことが求められている[※10]。

これが左派の展開する批判であり、ある意味まぎれもない事実だ。だがそのいっぽうで、ネオリベラリズムはすべての摩擦と競争を市場に入れて洗浄することで、ビジネスを世界の舞台にのせる新しいモデルを示した——終わりのない国家間の対立構造からは生まれなかったモデルだ。

相関関係と因果関係を混同してはならない。ことに第二次世界大戦以降の世界の激動はすさまじく、すべてのことに複数の原因がからんでいる。それでも戦後の主流となり、相対的な平和と繁栄のなかで確立していった国際協調体制は、私たちがネオリベラリズムと呼ぶグローバリゼーションおよび金融資本帝国の支配と重なっているのだ。これは歴史的な偶然にすぎないが、もし相関関係と因果関係を混同してもよければ、両者をつなぐ直感的な、それでいて説得力のある理論が生まれる。市場には欠点があるかもしれないが、安全と安定、それに確かな経済成長に価値を求める。ネオリベラリズムは成長という形で協力の報酬を約束し、ゼロサム競争を、全員が利益を得られる協力体制に変えたのだと。

しかし相次ぐ金融危機で、ひたすら豊かになり、拡大していく社会という錦《にしき》の御旗《みはた》はもうぼろぼろだ。そこに地球温暖化という、おそらく致命的な一撃が襲ってくる。バングラデシュの洪水でロシアが利益を得るようになれば、ネオリベラリズムはもちろん、その忠実な右腕だったリベラルな国際協調主義までも大義が失われることになる。

成長の約束が遠のいたあとは、どんな種類の政治が現われるのだろう。あらゆる可能性があるが、たとえば気候変動への高い意識を基盤にして、排出量削減や制裁が条件に盛りこまれた新しい貿易協定が結ばれるかもしれない。第二次世界大戦後の世界が掲げてきた人権尊重の原則を補うような、国際司法制度が出現することも考えられる。ただネオリベラリズムに関しては、みんなが得をする形で協力するのが売りだった。そこから転換するとなると、ゼロサム政治しかない。

いまはまだ未来に目を凝らしたり、気候変動で未来が台無しになると悲観する必要はないが、世界各地でナショナリズムやテロがきなくさい煙をあげているいま、嵐が来るのも時間の問題なのである。

中国が今後のカギを握る

ネオリベラリズムが気候変動につまずいた神だとしたら、そこからどんな神の子が生まれてくるのか。そんな疑問を投げかけるのが、ジェフ・マンとジョエル・ウェインライトが出版した『気候のリバイアサン——地球の未来を決めるひとつの政治理論（Climate Leviathan: A Political Theory of Our Planetary Future）』だ。[※11] ここでは17世紀イギリスの哲学者トマス・ホッブズをたたき台に、地球温暖化の危機とその影響から出現しそうな政治形態が論じられる。

ホッブズの『リバイアサン』は、国家権力による取引——臣民は自由と引きかえに王の庇護《ひご》を受ける——の歴史を振りかえる。地球温暖化も同様の取引を持ちかけるだろう。危険に満ちた世界で、人びとは自由と引きかえに安全と安定、生きる保障を手に入れる。自然界からの新たな脅威に対抗する、新しい形態の主権が誕生するのだ。それは国ではなく地球全体におよぶ主権であり、地球に迫る脅威に対抗できる唯一の力となる。

マンとウェインライトはここで後悔をにじませる。世界はこれから地球主権の時代に向かおうとするが、そもそも気候変動という運命を私たちに押しつけたのも、ネオリベラリズムという地球主権ではなかったか。資本の流れにしか関心がなく、気候変動がもたらす損害や荒廃に対応するすべを持たないくせに、権威だけは無傷のまま保ちつづけるネオリベラリズムの先にあるネオリベラリズム。マンとウェインライトは、資本主義への信頼度と、国家主権との関係によって4通りの可能性を示唆する。

まず「気候のリバイアサン」は、資本主義には肯定的だが、国家主権には否定的である。次に資本主義と国家がおたがいを支援する「気候のベヘモス」は、現在の状況にいちばん近い。資本主義は自らの利益を死守しつつ、国境を越えて地球の危機に対処する。

それから「気候の毛沢東」だ。善意にあふれるが権威主義で、反資本主義の指導者が既存の国境のなかで力を行使する。

残るひとつは、資本主義諸国がでたらめな気候外交を展開すること。いわば資本主義と国家主権の両方を否定する国際システムだ。このシステムは安定と安全の保証人を自認する——少なくとも最低限生命をつなぐだけの資源を分配し、食料と水と土地をめぐる軋轢《あつれき》を取りしまる。よその主権と権力はいっさい認めず、国境さえ完全に消しさってしまうだろう。これが、マンたちが大いに希望を託す「気候のX」だ。資本や国家の理解ではなく、人類というくくりで活動する連合体である。だがそれにも不安材料がある。マフィアのボスのような独裁者が君臨して、ショバ代システムに陥りかねないのだ。

「気候の毛沢東」と呼ぶにふさわしい指導者はすでに二人いる。習近平とウラジーミル・プーチンだ。どちらも反資本主義者というより、国家資本主義者だろう。ただし両者は、気候問題の未来についての見解、すなわち気候イデオロギーが大きく異なる。アンゲラ・メルケルとドナルド・トランプも同様で、どちらも「気候のベヘモス」に属しているが、隔たりは天と地ほどもある。

中国とロシアのイデオロギーは対比が明確だ。石油国家の司令官であり、温暖化で恩恵を得られそうな数少ない国の指導者でもあるプーチンにとって、二酸化炭素の排出を抑制したり、グリーン経済を推進しても何のありがたみもない。いっぽう、飛ぶ鳥を落とす勢いの超大国で終身指導者の地位を固めた習近平は、自国の繁栄、それにすさまじい数の国民の健康と安全に責任を感じているようだ。

トランプ大統領就任後、中国はグリーンエネルギー推進の立場を鮮明にした——少なくとも声は大きくなった。ただし背後の動機を考えると、言葉どおりには受けとれない。2018年、気候変動で生じる経済的影響の負担と、地球温暖化の責任の割合(要するに二酸化炭素の排出量だ)を国ごとにはじきだすという斬新な研究が発表された。[※12] このなかで気候変動の道徳的な懸念がはっきり浮きぼりになったのはインドで、負担の重さは次点の国を2倍近く引きはなして1位だ。温暖化責任の4倍もの重荷を背負わされていることになる。これとちょうど反対なのが中国で、温暖化責任は負担の実に4倍になる。だからグリーンエネルギー革命への取りくみに本腰が入らないのだろう。そしてアメリカはというと、気候変動の損害と温暖化責任がほぼ等しいという奇妙な均衡状態にある。ただしどちらも小さいわけではなく、経済負担は世界第2位だ。

何十年も前から中国の台頭は幾度も予言されてきたが、欧米、とくにアメリカはそれを根拠のある予測とは受けとめず、「オオカミが来た」のようなものと高をくくってきた。だが気候変動に関して、ほぼすべてのカードを持っているのは中国だ。世界全体が持続し、繁栄していくうえで気候の安定が必要だとすれば、発展途上諸国の二酸化炭素排出量が今後どのような曲線を描くかが運命を決める。欧米はすでに排出量が落ちついていて、今後は減少に転じると思われるからだ――いつまでに、どれほど急激に落ちるかはわからないが。また中国の排出量のかなりの部分は、欧米人向け消費財の製造に由来している。いわゆる「カーボン・アウトソーシング」だ。そうだとすれば、何ギガトンもの二酸化炭素の責任はどこにあるのか。パリ協定が本来の意図どおり、二酸化炭素排出を厳しく取りしまり、場合によっては軍事力も行使する体制を確立するならば、そう遠くない将来、この疑問は言葉のあやでなくなる。

中国はどうやって、またいつまでに工業経済から脱工業化経済に移行するのか。存続する工業をいかに「グリーン化」していくのか。農業や食生活をどうつくりかえるのか。爆発的に増えている中間層や富裕層の消費傾向を、どうやって炭素集約度の低いものへと方向転換させるのか。いずれも21世紀の気候を決定する重要な要素だ。もちろんインドや南アジアの残りの地域、ナイジェリア、サハラ以南地域の動向も状況を大きく左右するが、やはり国としての規模は中国がずばぬけて大きく、いまのところ最も豊かで力もある。中国は現代のシルクロードとも呼べる一帯一路構想[※13]を掲げて、発展途上地域における工業、エネルギー、輸送の唯一最大の供給元になろうとしている。経済も人口も世界最大級の国である以上、エネルギー消費でも人道面でもそれなりの責任があるはず。中国に続けとばかりに発展を急ぐ国々に対しても、気候政策で影響力を行使するのが当然だろう。

気候変動に関するすべてのシナリオは、政治情勢がある程度落ちついていることが大前提だ。だが政治が均衡を失い、「無秩序」「対立」と呼ばれる状態に陥る可能性もある。[※14]ドイツの社会心理学者ハラルト・ヴェルツァーは著書『気候戦争（Climate Wars）』のなかでその可能性を分析し、数十年以内に激しい紛争の「ルネサンス」が到来すると予測している。この本の副題は「21世紀、人間は何を理由に殺されるのか」とかなり物騒だ。

すでに地域レベルでは、気候問題が政治を弱体化させ、いわゆる「内戦」を引きおこすのはお決まりの流れだ。私たちはこれをイデオロギーの対立構図で解釈しようとする。スーダンのダルフール地方しかり、シリア、イエメンしかり。こうした紛争はおおむね地域限定だが、気候が危うさを増す時代ではそれが国境を越えて燃えひろがるだろう。それに気候崩壊ですべての国が政治力を失うわけではなく、相対的な勝者はかならず生まれる。強大な軍事力を有し、監視を強化する国家もそのひとつ。いま中国では顔認識技術を使って、コンサート会場で指名手配犯を逮捕し、[※15]鳥と区別がつかないようなドローンを飛ばして国内の動向を見はっている。[※16]

中国だけでなく、ソマリア、イラク、南スーダンもこの10年間火種をくすぶらせている。世界が安定しているように見えたのは、ロサンゼルスやロンドンからちらりと眺めるだけだったからだろう。「世界秩序」はつくり話というか、願望のようなものだ。リベラルな国際協調主義やグローバリゼーション、アメリカの覇権のおかげで、少しずつ実現に近づいてきたが、次世紀の気候変動でその流れは逆転するにちがいない。

第22章 進歩が終わったあとの歴史

歴史とは一方向に進む物語である——これは西洋世界において何世紀も揺るぎなく続いてきた理念だ。[※1] 戦火、大量虐殺、強制収容所、飢饉、伝染病の大流行に翻弄され、そのたびに何千万という生命が失われてきたが、そうした事実に反論されながらも、政治観にしっかり根をおろしている。それゆえどれほど忌まわしい不正義や不平等が起きても、歴史の進行に疑いをはさむのではなく、歴史の形を再認識するだけにとどまる。「歴史は正しい方向に進んで」いるのだし、歴史を推進させる力は「正しい側」なのだから、いたずらに騒ぎたてるべきではないという抑止が働くのだろう。では、気候変動は正しい側なのだろうか？

温暖化で世界が良くなることはありえない。反対に悪いことは無数にはびこる。生態系の危機が始まろうとしているいま、歴史への深い疑義を示した新しい言説を多く目にするようになった。歴史は逆行することもある。人類が定住し、文明を築いていった一大事業——すなわちそれが「歴史」と呼ばれる——は、すさまじい勢いで逆噴射しているのではないか。気候変動の脅威が高まるにつれて、そんな反進歩史観が勢いを増している。

イスラエルの歴史学者ユヴァル・ノア・ハラリは著書『サピエンス全史――文明の構造と人類の幸福』（河出書房新社）のなかで、人類の文明は神話の連続として理解するのがよいと書いている。[※2]始まりは新石器革命とも呼ばれる農業の発明で、「我々は小麦を飼いならしたのではない。小麦が我々を飼いならしたのだ」とハラリは主張する。

この時代をより的確に評した一節が、政治学者ジェームズ・C・スコットの『反穀物の人類史――国家誕生のディープヒストリー』（みすず書房）のなかにある。[※3]現在私たちが理解するような国家権力と、そこに付随する官僚主義、弾圧、不平等が出現したのは、小麦の栽培に端を発する。中学の歴史の授業では、農業革命こそが歴史の始まりだと教わったものだ。現生人類が出現して20万年になるが、農業が行なわれるようになったのはつい1万2000年前のこと。この技術革命で狩猟と採集の生活に終止符が打たれ、都市と政治の仕組みが生まれて、「文明」なるものが誕生した。

『銃・病原菌・鉄――1万3000年にわたる人類史の謎』（草思社）で、工業化した西欧の隆盛を生態学的・地理学的に論じたジャレド・ダイアモンドだが、『文明崩壊――滅亡と存続の命運を分けるもの』（草思社）は反進歩史観の先がけとも言うべき著作だ。そのなかでダイアモンドは、新石器革命を「人類史最悪の失敗」と断定している。[※4]

こうした新懐疑派は、その後に出現する工業化や化石燃料ではなく、あくまで農業を軸にすることで、より直接的に反文明論が展開できると考える。人類は農業によって定住生活に移行したものの、人口が爆発的に増加したのはそれから1000年もたってからだ。そのあいだに伝染病や戦争が何度も起こって、成長の芽が摘《つ》みとられた。それは苦しみに満ちた中断期間で、くぐり抜けた先には新しい繁栄の時代が待っていたのか？　いや、そうではない。苦難の物語はおそろしく長く続き、現在にまでつながっているのだ。その証拠に、世界の大半の人びとは、狩猟・採集時代の人類より体格も健康状態も悪く、寿命も短い。この時代のご先祖さまのほうが地球とのつきあいかたを知っていたし、農業が始まるまでの20万年間、ずっと地球を見てきた。「先史」などと呼ばれて一段低く見られていた時代が、人類の歴史全体の約95パーセントを占めているのだ。そのあいだも人類は地球上をさかんに移動していたが、まったく痕跡を残していない。痕跡があるのは文明が誕生してから、つまり私たちが「歴史」と呼ぶ部分は、全体から見たら波形が一瞬ぴくりと動いた程度のものだ。さらに世界を物質の洪水で翻弄する工業化と経済成長の時代となると、ぴくりのなかのかすかな揺れでしかない。そんな揺れが、終わりのない気候崩壊の崖っぷちへと私たちを追いやったのである。

　ジェームズ・スコットは政治学者としての人生の終盤に入ってから、急進的な反国家主義者として『統治されない技術（The Art of Not Being Governed）』『支配と抵抗術（Domination and the Arts Resistance）』『実践　日々のアナキズム——世界に抗う土着の秩序の作り方』（みすず書房）といった才気あふれる著作を世に送りだした。人類の進歩を信じて疑わない姿勢に一石を投じるハラリの着眼も、自ら招いた環境危機を背景にすると、斬新で説得力がある。同性愛者であることをカミングアウトしている彼には、人類の進歩をうたう大きな物語がヘテロセクシャルのように支配的に思えて、そこから懐疑主義が芽ばえてきたのだ。社会は昔もいまも集団的フィクションで束ねられている。宗教や迷信が支配してきた場所に、進歩や合理性といった価値観が入りこんできただけだ。軍事史の専門家だったハラリだが、ビル・ゲイツやバラク・オバマ、マーク・ザッカーバーグから神話の解説者として評価され、世間の注目を浴びている。

「この数十年間世界を規定してきたのは、いうなればリベラル物語だ」。ハラリは2016年にそう書いている。[※5] このとき彼は、1か月後のドナルド・トランプ当選を予言し、その結果、体制への集団的信頼がどうなるか考察した。「それは単純で魅力的なお話だったが、これから崩壊していくだろう。そこにできた真空を埋める新しい物語は、いまのところまだない」

歴史は循環しない

歴史から進歩の概念をはぎとったら、あとに何が残るのか。

地球温暖化を取りかこむ不確定の雲のなかから何が現われるのか、いまの時点で見とおすのは難しい。気候変動が具体的にどんな形をとるのか。それが私たちにどんな影響を与えるのか。とはいえ、時代が進むにつれて生活が向上して当然という無邪気な感覚が、激しく揺さぶられることはまちがいない。気候変動によって、すでに環境は急速に荒廃している。沿岸部の都市は水びたしになり、海岸線は後退していくいっぽうだ。安定を失った社会から逃げだした人びとが、資源の枯渇に危機感を抱く近隣の国々へと大量に流れこむ。欧米諸国はこの数百年、進歩と繁栄の単純な一本道を進んできたが、その道は気候崩壊による受難に続いている。それまでに気候変動をどこまで回避できるか、自分たちの暮らしをどこまで変えられるかで、歴史の形はちがってくるはずだ。

農業が発明され、国家が出現し、文明が芽ばえる以前の人類は、歴史をどうとらえていたのか。それを知るすべはないが、文明化以前の人間の内面を想像することは、近代の哲学者には格好の時間つぶしだったようだ。「野蛮で邪悪で短慮」だったのか、それとも牧歌的に自由を謳歌していたのか。

歴史は循環するという考えかたもある。収穫カレンダーや宇宙が定期的に崩壊と再生を繰りかえすストア派哲学のエクピロシス説[※6]、中国史の王朝サイクル[※7]がそうだし、フリードリヒ・ニーチェの永劫回帰思想[※8]も時間の循環と通じるものがある。アルベルト・アインシュタインも、循環宇宙モデルの可能性を考察していた。歴史学者アーサー・シュレジンジャーは、アメリカ史は「公共の目的」時代と「民間の利益」時代が交互に現われてきたと考える。[※9]イギリスの歴史学者ポール・マイケル・ケネディも、冷戦期の終わりに向けて書かれた『大国の興亡——1500年から2000年までの経済の変遷と軍事闘争』[※10]（草思社）で、歴史をていねいに説いている。いまのアメリカ人が歴史を前進ととらえるのは、アメリカが巨大帝国だった時代に生まれ育ち、大英帝国の歴史観をそのままとりこんだ結果かもしれない。

けれども、きれいに円を描いて出発点に戻る近代以前の循環史観は、すべてが混沌《こんとん》とする気候変動の時代にはもう当てはまらないだろう。目的論はすべてを統一する上位理論の地位から陥落し、檻《おり》から出された獣がいっせいに逃げだすように、矛盾する物語が飛びかいはじめる。平均気温が4～5℃上昇しようものなら、難民が大量発生し、戦乱と旱魃と飢饉が頻発し、世界の大部分で経済成長が止まる。その状態はまぎれもない逆行であり、進歩の過程でもなければ、循環の一段階でもないだろう。

私たちの孫世代は、もっと豊かで平和だった世界の残骸のなかで永遠に生きることになる——人類は進歩を続け、世代がかわるごとに世界は良くなっていくというプロパガンダがまだしっかり根づいているいま、そんな未来はとても想像できない。だが工業化が始まるまでは、むしろそれが人類の歴史だった。海の民に侵略されたエジプト、ピサロが征服したインカ、アッカド帝国に支配されたメソポタミア、唐が成立した中国でも、同じことが起こってきた。あまりにも有名だが、ローマ帝国が滅亡したあとのヨーロッパも同様だ。でも今回にかぎっては、光の時代が続いたのは一世代だけ。過去と同じ物語の幕開けがすぐそこまで来ている。

残された時間はわずか

気候変動が時間の復讐と表現されるのはそういう意味だろう。歴史学者アンドレアス・マルムは、気候変動時代の政治理論を活写した著書『この嵐のなりゆきは（The Progress of This

Storm）』でこう言いきった。「地球温暖化は過去の行為の結果である」※11

簡潔でありながら、問題の規模と範囲を言いあてている。温暖化は、数世紀ものあいだ化石燃料を燃やし、近代的で快適な生活をつくりあげてきた結果ということだ。その意味では、私たちはみんな産業革命の囚われ人かもしれない。環境危機は過去の産物だが、過去と言ってもつい最近だ。孫たちの時代に世界がどこまで変わるかを決定づけるのは、19世紀のマンチェスターではなく、いまからの数十年だ。

気候変動は、私たちを海図のない未来へと押しだす。その未来はどこまでも遠く、想像がつかないほどスケールが大きい。ビクトリア朝のイギリスで産業革命が始まったとき、人の一生に相当する年月のあいだに進歩が加速する様子に人びとは仰天し、圧倒された。現在の私たちも変化の速さ、激しさに怖れをなしている。それは地球ができあがっていく悠久の時間、すなわちディープ・タイムに想像をめぐらせるときの畏怖の念にも似ている。

だが気候変動が私たちにもたらすのは、瓦解《がかい》と混乱のディープ・タイムだ。マイアミビーチのようにわりあい新しい人気のリゾート地も、第二次世界大戦後につくられた軍事施設も、ことごとく海面下に姿を消す。歴史のあるアムステルダムも水没の危険が迫り、すでに大がかりなかさ上げ工事が進められている。バングラデシュの寺院や村は、かさ上げ工事の費用も出せない。それまでと同じ品種の穀物やブドウが育たなくなる地方も出てくるが、作物を切りかえて農業が続行できれば幸運だ。古代ローマのパンかごだったシチリア島では、すでに熱帯の果物の栽培が始まっている。何百万年もの年月をかけて形成された北極圏の氷は融けて水になる。そうなると地球表面の様相だけでなく、グローバリゼーションを支える物流ルートも変わるだろう。父祖伝来の地を離れる気候難民が何百万という数になり、それまであった共同体が永遠に姿を消す。

地球の生態系が気候変動で流動的になり、無秩序になる期間はいつまで続くのか。それは私たちがどの程度まで変化に対応し、場合によっては帳消しにできるかにかかっている。しかし北極圏の氷床や氷山が完全に融け、海面が１００メートル以上も上昇するようだと、数十年レベルではなく、数千年、数百万年単位ですべてを変容させる変化になるだろう。ディープ・タイムさながらの時間の物差しでは、人類の文明が存在した期間など付けたしでしかなく、気候変動こそが真の永遠となる。

第23章　終末思想への抵抗

ベリーズにある双子の町、サンイグナシオとサンタエレナは海岸から８００キロメートル入った内陸にあり、海抜は76メートルだ。それでも心配性の気候学者ガイ・マクファーソンは水害を恐れるあまり、そこに引っ越すのをやめた。気候変動を生きのびる希望はもう捨てた。みんなもあきらめたほうがいい。人類は10年以内に死にたえると彼はスカイプで私に語った。彼のパートナーであるポーリーンも同じ意見なのだろうか。私が質問すると、彼女は笑って答えた。「10年どころか、10か月以内でしょう」。それが2年前のことだ。

マクファーソンは当初アリゾナ大学で保全生態学を研究していた。29歳で終身在職権が与えられたそうだ。１９９６年から（彼の言うところの）「影の政府」の監視が始まり、２００９年に新しい教授がやってきて大学を追放されたという。その後、前妻とニューメキシコの農場で働いた。２０１６年にポーリーンと中央アメリカのジャングルに移り、スターダスト・サンクチュアリー農場で働きはじめた。

マクファーソンは10年ほど前から、ユーチューブを通じて「信奉者」を増やしてきた。「目前に迫る人類滅亡（NTHE）」という言葉を考案して講演もしているが、最近は世界の終わりに備えるワークショップ「オンリー・ラブ・リメインズ（愛だけが生きのこる）」の運営に力を入れているようだ。昔のニューエイジを思わせる二番煎《せん》じの教義だ。ダライ・ラマが説いたように、人間は自分に迫った死の認識から、慈悲と驚嘆、そして愛を引きださねばならない。それと同じことを、種としての死でも実践すべきだ。さらには、この三つの価値観を軸に倫理モデルを構築してもかまわないし、そこから市民論も生まれるかもしれない。だが地球が危機と辛苦の瀬戸際にあると考える人びとは、快楽論的な静観主義の名のもとに、政治からはもちろん、気候問題からも距離を置くだろう。

かんたんにいえば、マクファーソンは枠からはずれた「怪しい」人間だ。私たちは文明崩壊や世界の終焉といった予言を狂気の証拠と見なし、そこから生まれた共同体を「カルト集団」と警戒してきた。あまりに長い間そうしてきたために、私たちは彼らの警告を真剣に受け止めることができなくなった。とくに彼ら自身が「希望を捨てて」いるような場合には。現代社会ではいくじなしがいちばん嫌われるが、そんな偏見さえ地球温暖化の前では意味を失う。気候崩壊が招く世界の危機がシナリオどおりに現実となったら、終末予言へのタブーはないも同然となる。新興カルト集団が次々と出現し、カルト的思想が社会のさまざまな部分に浸透するだろう。世界も文明もマクファーソンが思うほどやわではなく、すぐには滅亡しない。それでも環境悪化が明らかに実感できるようになれば、同じような預言者がたくさん現われる。彼らが声高に叫ぶ環境終末論は、しだいに合理的な思考の人びとにも説得力を持ちはじめるだろう。

ということは、現時点でもさほど的はずれではないということだ。気候変動の悪い話をとりあえず知りたいという入門者には、68ページもあって文字もリンクもぎっしり詰まっているマクファーソンのウェブサイト（最終更新は2016年8月2日だ）に近づかないほうがいいだろう。その中身は、まじめな研究を誤解させる方向で描写したり、ヒステリックで根拠のないブログを参考文献にしたり、さらには明らかな誤解もある。気候変動への対応を進める穏健な集団を「政治に妥協している」と断罪し、誤りであることが立証された知見まで盛りこむ。それでも参考文献には、アルベド効果のわかりやすい解説書、北極圏の氷床の現状がわかる書籍など、気候変動の警告を発する信頼性の高い科学書が入っている。

ウェブサイトは全体を通して偏執的で、圧倒的な分量のデータは、意味のある分析が成立するための因果論の骨組みを表わしたり、かえってぼやけさせたりする。この種の推論はインターネット上にあふれかえっており、花ざかりの陰謀論に燃料を供給している。陰謀論の欲求はとどまるところを知らず、気候問題も餌食《えじき》にしはじめたところだ。気候変動など起きていないという政治的な主張もその一端だが、環境保護主義者にもその影響がおよんでいるようだ。ジョン・B・マクレモアは、南部出身のカリスマ的な環境問題悲観論者で、地球滅亡を恐れるあまり自殺した親族がいる。彼は「Sタウン」と名づけたポッドキャスト[※1]で自論を配信している。彼も意見を寄せるポストカーボン研究所のリチャード・ハインバーグは、次のように話している。「私はそれを有毒な知識と呼ぶ。人口爆発、乱獲、資源枯渇、気候変動、社会崩壊のダイナミクスについて一度知ってしまうと、もう知らなかったことにできない。その後の思考がすべて有毒な知識に染まってしまうのだ[※2]」

マクファーソンは自身のサイトでたくさんの環境問題を書きたてているが、それらがどんな形で人類滅亡につながるのかははっきりしない。食料危機や金融のメルトダウンでまず文明が滅び、最後に人類の生命が死にたえると考えているようだ。いまから10年後にそうなる状況を思いえがくには、かなりたくましい想像力が要求される。だがそこで疑問が生まれる。状況の基本的な流れを考えると、私たちこそそんな終末を思いうかべてもおかしくないのに、なぜそうしないのか？

いや、近いうちにそうなるはずだ。マクレモアやマクファーソンのような先駆者に続けとばかりに、多くの作家や思索家が世界の崩壊を予言し、終末を声高に叫ぶようになるだろう。

彼らはそんな主張を実際に根づかせようとしている。マクレモアなどは、まるで映画〈タクシードライバー〉の主人公トラビスのように、激しい雨が世界の汚物を流してしまえと考える。温暖化による文明崩壊は不可避の悲劇だが、それを喜ばしいことと考えるのがカンブリア大学のジェム・ベンデルだ。無政府主義寄りの左派に属するジェイソン・ヒッケルは、気候変動が経済成長への依存症を断ちきってくれることを期待する。生態学者クリス・D・トーマスは、6度目の大量絶滅で真空状態になった地球に「自然が繁栄」して、新しい種が生態系の新しい隙間に入りこむと予測する[※3]。一部の科学技術者とその支持者は、地質学的な意味での「現在」も含めて、現在への思いこみを捨てさり、道教的な楽観性を採用するべきだとまで主張している。スウェーデンのジャーナリスト、トーリル・コルンフェルトは著書『種の再起源（The Re-Origin of Species）』のなかで、恐竜や毛むくじゃらのマンモスが「脱絶滅」すると述べ、こう書いている。「いまの自然が、1万年前の自然界、あるいは1万年後に存在する種よりも価値が大きいとどうして言える？」

地球破滅論の危険性

すでに始まっている気候崩壊と、それがもたらす世界の変質の徴候を早くも感じとっている人びとは、新約聖書の「ヨハネの黙示録」やアイルランドの詩人イェーツの「再臨」[※4]から切りはりした暗澹たる未来像を思いえがく。それはグノーシス主義の壁紙のように夢の情景を飾るが、それがたった一世代のあいだに起こり、世界の現実になる予言であることは忘れられている。

その最先鋒であるアイルランドの作家・詩人であるポール・キングスノースは、環境保護主義者のゆるやかなコミュニティ「ダークマウンテン・プロジェクト」を共同主宰している。名前の由来はアメリカの詩人ロビンソン・ジェファーズが1935年に書いた「再軍備」の一節だ。

私は右手をゆっくり焼こう
未来を変えるために……愚かなのは承知で

現代人類の美点は個人にではなく
不吉なリズム、移動する重たい集団、夢に導かれた集団が暗い山を下るときの踊りに存在する

ジェファーズは人妻との関係をロサンゼルス・タイムズ紙にすっぱぬかれたり、カリフォルニアの海辺に自ら石を積みあげてトアーハウス＆ホークタワーを完成させたりと、生前はなにかと世間を騒がせる人物だった。しかし今日では、「非人間主義」を掲げた反文明の予言者として知られる。人間は、人間らしさや自らの居場所のことで頭がいっぱいになり、自分たちがたまたま存在しているだけの偉大な宇宙にまで気が回らない。問題を悪化させているのは、ほかならぬ現代の世界だとジェファーズは主張した。

作家エドワード・アビーはジェファーズの作品を崇拝していたし、チャールズ・ブコウスキーも大好きな詩人と呼んでいた。ヨセミテ渓谷のモノクロ写真で知られるアンセル・アダムズや、静物写真のエドワード・ウェストンもジェファーズの影響を受けている。哲学者チャールズ・テイラーは、ニーチェやコーマック・マッカーシーと並ぶ「内在的反人間主義」の重要人物と位置づけた。

ジェファーズは代表作「両刃の斧」で、唯一の登場人物である「非人間主義者」にこう語らせている。「人間から非人間へ、重点と意味が移ろうとしている。人間独我論を拒絶して、人間を

超越した壮大な存在を認めるのだ」。これはまぎれもなく視点の大転換であり、「愛、憎悪、嫉妬に代わる行動指針としての離脱だ[※5]」。

ダークマウンテンの柱となる理念がこの離脱である――理念というより「衝動」と呼んだほうがいいかもしれないが。今後数十年、地球温暖化で生活が耐えがたくなるところが増え、メディアを通じて知られるようになったら、環境隠遁者の団体はさらに増え、活気づくだろう。ダークマウンテン・プロジェクトもこう宣言している。「極度の社会崩壊を目にする者が、人間の存在の真実に関する深遠な啓示を語ることはまずない。求められれば、たやすく死ねることへの驚きを口にする。日常生活はあまりに同じパターンでこの日から次の日へと続いていくので、構造の脆弱さが隠れて見えない」

ポール・キングスノースとドゥーガルド・ハインによるこの宣言は2009年に発表された。彼らが思想面で父と仰ぐジョゼフ・コンラッドは、工業化と植民地拡大が最盛期だったヨーロッパで、文明の幻想に鋭く切りこんだ。キングスノースたちは、コンラッドを評価するバートランド・ラッセルの文章も引用している。『闇の奥』『ロード・ジム』を書いたコンラッドは、「文明化され、道徳的にも容認できる人間の暮らしは、まだ煮えたぎる溶岩を覆う薄い被膜の上を歩くような危うさだと考えていた。いつ被膜が破れて灼熱の深みに沈んでもおかしくない」。いつの時代にも通用する表現だが、生態系の崩壊が迫っている昨今はいっそう鮮明に迫ってくる。[※6]「危機的状況の根本原因は、我々が自分で語ってきた物語のなかにある」とキングスノースとハインは続ける。「進歩の神話、人類中心という神話、〝自然〟からの解離の神話だ。それらが神話であることすら忘れている事実が、さらに危険を増す[※7]」

迫っていることを認識するだけで、何も起こらない変化について考えることはできない。夫婦が奨励金制度まで視野に入れて子づくりを考えないのと同じだ。徹底した虚無主義や破滅主義を栄えさせるのに、人類滅亡や文明崩壊まで持ちだす必要はない——一定数のカリスマ預言者が終末を予見するだけで充分だ。その数がかなり大きければ安心できるだろうし、虚無主義が平均的市民にまで浸透しなければ、社会は揺らいだりしない。それでも破滅論は周辺からじわじわと攻めてきて、シロアリやクマバチのように土台を食いあらすのだ。

危機の時代における離脱思想

2012年、キングスノースはオライオン誌に「ダークエコロジー」と題する新しい宣言、というか宣言らしき文章を発表した[※8]。前回の宣言以来、彼の希望はますます失われていた。今回は、冒頭にシンガーソングライターのレナード・コーエンと、イギリスの小説家D・H・ローレンスの言葉を引用した。それぞれ「残った1本の木を手に入れて、文化の穴を埋めろ」「砂漠まで退却し、そこで戦え」というものだ。そして次のような文章で第2部に文字どおり突入する。「最近セオドア・カジンスキーの書いたものを読んでいる。人生が変わってしまいそうだ」

オライオン誌読者から大反響があったこのエッセイは、爆弾犯カジンスキーを大衆指導冊子の発行者として擁護するものであり、キングスノースは彼を虚無主義者や悲観論者ではなく、楽観主義が行きすぎた鋭敏な観察者、社会は変えうるという考えにとりつかれた男としてとらえている。キングスノースこそ真のストア派哲学者だ。「私は自問する。歴史のこの瞬間において、時間の浪費でないものは何なのか？」

キングスノースは暫定の答えを五つあげている。2から4は、「非人類の生命を保護する」「手を汚す」「自然には実利を超えた価値があると主張する」で、新しい超絶主義のテーマを言いかえたものだ。1「離脱する」と5「避難所をつくる」は急進的で、しかも対になっている。後者は崩壊の時代にあって建設的、積極的だ。「暗黒時代の修道院図書館司書のように、塀の外で帝国が興亡を繰りかえそうとも、ひたすら昔の本を守る。そんな思考や行動ができるだろうか？」

いっぽう「離脱する」は、同じ主張の暗い一面だ。

それを実行すれば、多くの人から「敗北主義者」「運命論者」呼ばわりされたり、「燃えつきた」と言われたりするだろう。気候の正義、世界平和、すべての悪事の終焉のために尽力する義務がある、「戦うこと」はつねに「やめること」より優れていると諭《さと》される。そんな連中は無視して、実際的かつ神聖な伝統に従おう——争いから離脱するのだ。冷笑するのではなく、探究精神をもって離脱せよ。ひとり静かに座し、自分にとって正しいこと、自然が求めるであろうことを見きわめるために離脱せよ。機械の進歩を助けず、つめ車をこれ以上あきらめないための離脱は、どこまでも道徳的な態度だ。活動はかならずしも休止より効果的ではないのだから、離脱せよ。自らの世界観——宇宙観、パラダイム、前提、旅の行き先——を吟味《ぎんみ》するために離脱せよ。手ごたえのある変化はすべて離脱から始まる。

少なくともひとつの姿勢ではある。それも系譜つきの。危機の時代への過激な反応と思いきや、若きブッダから苦行する修道士まで、長く多彩な禁欲の伝統に新しい目的を与えているのだ。ただし、禁欲の衝動で快楽から距離を置き、現世の苦しみといったものに霊的な意味を求めるのが従来の姿だったが、キングスノースの離脱はマクファーソンと同様、魂《たましい》の痛みに痙攣《けいれん》する世界から離れて、ささやかな世俗の慰めを見いだそうとする。そうだとすれば、苦痛に対して誰もが起こす予防的反射を、大きなスケールでやってみせているだけ、つまりただの嫌忌《けんき》なのかもしれない。でも何のために？　文明の「神話」を通じて、他者の苦悩、そして行動の緊急性を実感すること……ではないだろうが。いや、そうなのか？

「エコ・ファシズム」の台頭

ダークマウンテンは主流ではない。ガイ・マクファーソンも主流ではない。ジョン・B・マクレモアもしかり。だが気候崩壊で怖いのは虚無主義が根をおろすことだ。そう言われていやな予感を覚えた人がいたら、未来への思考に不安と絶望が入りこんでいる証拠だろう。インターネット上では、必要なら手段を選ばない構えで、白人優先を押しとおそうとする「エコ・ファシズム」が台頭している。また左派の論壇には、気候問題で見せる習近平の独裁ぶりを賞賛する動きすら見られる。

そしてアメリカの右派を支配しているのは環境保護主義者分離主義だ。ネバダ州の牧場主クライブン・バンディとその家族がその代表だろう。対してリベラルな環境保護主義は、極端な例外はあるとはいえ現実路線で拡大しており、周囲への働きかけも積極的だ。[※9]

いやもしかすると、それは環境分離主義の特定の要求を反映しているだけかもしれない。拒絶のコミュニティを形成し、相手が恐れていることを何もかも実行して、逃れようのない変化を引きおこすリスクを生じさせるのである。

こうした現実主義はおもしろい発想を生む。環境中道左派で地に足のついた専門家を自認する人びとは、気候変動による破滅的な変化を回避するには、第二次世界大戦と同程度の人口移動がいますぐ必要だと考える。[※10] これは大まじめな主張であり、ＩＰＣＣも２０１８年に承認している。とはいえ世界各地の政治状況を考えると、あまりに野心的すぎる取り組みであり、実現しなかった場合の諸般への影響が心配になってくる。その左側にいるのが、政治の革命以外に解決策を見いだせない人びとだ。彼らはこの本を含むさまざまな主張にあおられ、我先に宇宙へ脱出を試みるかもしれない。だがそれでいいのだろう。少なくとも私は怪しいと感じているが。

気候崩壊の警報がどこまで鳴りひびけば、私たちはおたがいに危機感を持ち、政治も動きだすのか。カリフォルニアの活動家たちが、ジェリー・ブラウン州知事に強い不満を抱くのも、そうした心境からだろう。退任直前に意欲的な気候問題プログラムを整備したブラウンだが、化石燃料に依存する既存の枠組みを壊すところまではいかなかった。これは他国の指導者への不満とも通底する。カナダのジャスティン・トルドー首相は、気候問題に先頭切って取り組む姿勢を見せておきながら、パイプラインの新設を承認した。ドイツのアンゲラ・メルケルもグリーンエネルギーの拡大で気運を盛りあげたものの、原子力発電所の廃炉を急ぎすぎたせいで、既存の化石燃料に頼らざるを得なくなっている。どちらの批判も極端に思えるが、下敷きになっている計算はまぎれもなく正確だ――完全なる脱炭素化までに残された猶予は30年。それにまにあわないと、恐怖の気候崩壊が始まる。だがこれほど大規模な危機に対して、解決策はまだ道なかばですらない。

そのあいだにもパニックと絶望は広がる。ここ数年、前例のない気象災害や厳しい研究結果で不安の声が高まっており、ジャーナリストたちもリチャード・ハインバーグの「毒性知識」、クリス・バートカスの「算術級数的悲劇」など、競うように新しい言葉をこしらえている。哲学者のウェンディ・リン・リーは、現代消費者の環境への無関心ぶりを「エコニヒリズム」と名づけた。[※11]スチュアート・パーカーの「気候虚無主義」[※12]のほうが口にしやすい。反骨精神旺盛なブルーノ・ラトゥールは、無関心な政治が火に油を注ぎ、激しく荒れくるう環境を「気候レジーム」と呼んだ。[※13]「気候運命論」、ジェノサイドならぬ「エコサイド」という言葉もよく目にする。サム・

クリスとエリー・メイ・オヘイガンは、環境が語られるときに目につく妙な楽観主義を「人間無益論」と呼び、精神分析的に論じている。[※14]

問題は人口過剰ではなく人間性の欠如だとわかった。気候変動と人新世は死にきれなかった種の勝利であり、絶滅に向けた短慮なシャッフルの結果だが、私たちの正体を偏った形で模倣しているにすぎない。政治的うつが重要な理由はそこだ。ゾンビは悲しみを感じないし、無力感もない。ただあるがままだ。政治的うつは、自分であることを阻止された生き物が経験している状態であり、声高な、あるいは弱々しい抗議の叫びだ。人間である方法がわからず途方に暮れている。絶望にうずもれ、自己疑念をひしひしと感じている。置かれた環境のなかで意味のある行動をとれることが人間性だとするならば、私たちは実際のところ、まだ人間ではない。

小説家リチャード・パワーズは、「種の孤独」という別の種類の絶望に目を向ける。[※15]荒廃した環境から受ける印象というより、自分たちがやったことの痕跡を目の当たりにしつつも、前に進むしかないという意味だ。「ここには自分たちしかいないと思うと、自己を満足させる以外に意味のある行動はない」。パワーズは人新世からの退却を提案するが、それは現代文明を捨てることではない。「人類例外論から目を覚ます必要がある。森林の健康すなわち人間の健康ととらえないかぎり、世界を主導する欲求を乗りこえられない。難しいがやりがいのある挑戦だ」

いまの世界には新しい哲学や新しい倫理が芽ばえている。評判をとった書籍の表題からも、その流れがうかがえる。ロイ・スクラントン著『人新世で死にかたを学ぶ（Learning to Die in the Anthropocene）』もそのひとつ。イラク戦争で戦った経験を持つ著者はこう書いている。「私たちが直面する最大の課題は哲学的なものだ。いまの文明がすでに死んでいることを理解しなくてはならない」。スクラントンが次に出したエッセイ集の表題はこうだ。『もはや運は尽きた。さてどうする？（We're Doomed. Now What?）』

これらの作品は終末への曲がり角を示しているが、別の方向に曲がることも不可能ではない。それは順化、すなわち無関心という方向であり、大いにありうるだけにいっそう悲劇的でもある。排外主義や財政問題を理由に共感の範囲をどんどん狭めたり、あるいは完全に目をそむけたりする。だが平均気温が1℃上昇したいまの状況で、さらに2℃、3℃、さらには5℃と気温が上昇する未来は悪夢でしかない。絶望のあまり事切れてしまいそうになるが、それでも前に進むには、気候変動の悪影響を温暖化と同じペースで当たり前のことにしていくのもひとつの道だ。人類は何世紀ものあいだ、塗炭《とたん》の苦しみを経験してきた。目前に迫る事態とも折りあいをつけ、その先に起こることとの影響を薄めたりもできる。気候変動がもたらしている現在形の状況についても、倫理的に許せないといった過去の発言はきれいさっぱり忘れてしまえばいいのだ。

第4部

これからの地球を変えるために

第24章　劇的な変化の時代が始まる

地球温暖化の予測がもしまちがっていたら？　何十年も積みかさねてきた気候の学説や情報が誤っていたとなると、生態系はもちろん、科学と科学的手法の正当性、信頼性まで危機に直面する。しかし同時に、科学が負けることは勝利でもある。この賭けは、地球というたったひとつのサンプルで勝負しなければならないのだから。

温暖化をずっと観察してきた科学者たちは、その原因は１８５０年代にジョン・ティンダルとユーニス・フットが示唆した温室効果[※1]にほぼまちがいないと思いつつも、慎重にほかの説も検討し、排除してきた。そして現われた数々の予測――地球の平均気温、海面水位、ハリケーンの頻度、山火事の程度――は、一見するといくらでも誤りを立証できそうだ。しかしどれほど悪いことが起きるかは、科学が正しいかどうかではなく、人間の活動が決める。災厄をうまくかわすために、どれだけ迅速に力を尽くせるのか？

結局のところ、重要なのはそこだ。私たちがまだ理解していないフィードバックの循環や、科学者が特定できていない温暖化のプロセスが存在することはまちがいない。私たちを覆う気候変動の不確定の雲は、自然界への無知ではなく、人間世界の分別のなさから湧きだし、広がっている。未来の気候を決めるのは、人知のおよばない何かではなく人間の活動だ。この本に登場する気候シナリオに、「らしい」「おそらく」「だろう」という留保がつくのもそれゆえなのである。だが私たちに迫る災厄は、選択的でもある。地球温暖化の進行をこのまま許せば、それを選択した結果として罰が下る。温暖化を回避することができたなら、それは別の道を歩くことを選んだ結果だ。

それは地球温暖化が与える矛盾と当惑をはらんだ教訓でもある。同じ危険の認識が、人類の謙虚さと尊大さを同時に引きだす。人類を出現させ、文明と呼ばれるあらゆるものを世に送りだした気候システムはとても脆弱だ。たった一世代のあいだの人間の活動で、とたんに不安定になった。その責任が人類にあるとすれば、元に戻す責任もあるはず。しかし私たちは、運転席に座ってハンドルを握っているにもかかわらず、責任を引きうけるどころか、そもそも責任があることすら認めようとしない。

私たちは魔法のようなテクノロジーに夢を託して、未来の世代に面倒を押しつけようとしている。けれども気候変動はすべての人間が標的だ。この本でしつこいくらい「私たち」と書いたのはそのためでもある。私たち全員が責任を分けあわないと、窒息するほどの苦しみを共有することになる。

その苦しみが具体的にどんな形をとるのか、正確には予測できない。次の世紀に毎年何平方キロメートルの森林が焼失し、地中に閉じこめられてきた炭素がどれくらい空気中に放出されるのか。毎年何個のハリケーンが発生して、カリブ海の島々をなぎたおすのか。大規模な旱魃による大飢饉が最初に発生するのはどこか。温暖化ではどの伝染病が最初に大流行するか。だが現時点でもわかることがある。これから始まる新しい世界はいまとあまりにかけはなれており、まるでちがう星に思えるということだ。

宇宙植民の可能性

1950年、イタリア生まれの物理学者で、原子爆弾開発にも関わったエンリコ・フェルミは、昼食に向かう道すがら同僚たちとUFOの話をした。自分の考えに夢中になっていたフェルミは、ふと気づくとまわりに誰もいなくなっていた。「みんなどこに行った?」。思わずフェルミは口にした。[※2] この疑問はフェルミのパラドックスを語る際にかならず引きあいに出される。宇宙がこれだけ大きいのなら、なぜほかの知的生命体と出会わないのか?

その答えはかんたんだ。私たちのような生命体を生みだせる条件の星は、よそにないのである。人類の出現以降の地球環境は、気候学的には人間がきわめて快適に過ごせるものだった。[※3] そのおかげで人類はいまに続いている。しかし地球といえどもこの状態は永遠ではなく、以前より居心地が悪くなっている。人類はここまで暑くなった地球など、それまで知らなかった。だがこの先はもっと暑くなる。私が話を聞いた気候科学者のなかには、地球温暖化をフェルミのパラドックスで考えようとする者もいた。ひとつの文明が続くのはせいぜい数千年。工業化文明となると、数百年といったところか。140億年近い歴史を持ち、恒星系どうしも時空がかけはなれている宇宙のなかでは、文明の出現・発達・終焉はあっというまで、おたがいを見つけだすことは不可能だ。

フェルミのパラドックスには「グレート・サイエンス」の別名もある。宇宙に向かって大声で呼びかけても、返事はおろかこだますら返ってこない。経済学者ロビン・ハンソンはこれを「グレート・フィルター」と呼ぶ。※4 文明は地球温暖化という網にひっかかった虫なのだ。「文明が出現しても、このフィルターにひっかかると絶滅して、すぐに姿を消す」と私に話してくれたのは、古生物学者ピーター・ウォードだ。「こうしたフィルタリングは、過去の大量絶滅の引き金になった」。そしていま、ふたたび大量絶滅が始まっているとウォードは言う。

地球外生命体を見つける試みの背後には、無限に広がる宇宙のなかで人類の重要性を確かめたい欲求がある。他者がいてこそ、自分たちの存在を実感できるのだ。ただし宗教やナショナリズムとちがって、ここでは人間は大きな物語の主人公ではなく、むしろ端役になる。コペルニクスの夢ということだ。コペルニクスは地球が太陽のまわりを回っていると確信したとき、宇宙のスポットライトを一身に浴びた気がしただろう。だがこの発見によって、コペルニクスは全人類を宇宙の片隅に追いやった。

私の義父は、人は子どもが生まれ、孫ができるにつれて環《わ》の中心からはずれるという独自の「外環理論」をよく語るが、これは宇宙人との接触にも通じるものがある。宇宙人の存在を知った人類は、途方もないスケールのドラマに放りこまれるが、残念ながらそこでは完全にその他大勢だ。自分たちが思っているほど個性も重要性もない。世界で初めて月を周回したアポロ８号が、宇宙空間ごしに半分闇に隠れた地球を見たとき、乗組員たちは顔を見あわせて思わずこんなジョークを飛ばしたという。「あの星には誰かいるのか？」[※5]

その後研究が進んで、現在では地球に似た環境の惑星が数多く存在することがわかっている。アメリカの天文学者フランク・ドレイクは、銀河系内で地球外生命体がどれだけ存在するかを推定するドレイクの方程式を考案した。[※6] これによって地球外生命体の可能性、つまり生命が存在できる惑星の数と、そこに知的生命体が発達し、検知可能な信号を宇宙に送信する可能性が算定できるようになったのだ。

それなのに、誰からも連絡が来ないのはどういうことか。グレート・フィルターなど、それを考察する説もたくさん提案されてきた。たとえば「動物園仮説」は、宇宙人はすぐそばまで来ていて、人類が自分たちのレベルに到達するのをじっと待っているというもの。反対に、ＳＦ小説に出てくるような冷凍睡眠技術で、文明全体が長い眠りに入っているという説もある。１９６０年に理論物理学者フリーマン・ダイソンは、宇宙人を人類の望遠鏡で発見することは不可能だと述べた。高度な地球外文明ともなると、太陽のエネルギーを余すことなく利用するため、メガ構造体で太陽系全体を包みこんでいるはず。そうなると外に光が漏れないので、存在が気づかれないのだ。[※7]そういう意味では、気候変動も地球全体を包みこんでいる。ただしこちらはテクノロジーではなく無知と怠惰と無関心の産物であり、扉を閉めたガレージ内でエンジンをかけているのと同じだが。

我々はひとりぼっちじゃないし、我々が最初でもない――天体物理学者アダム・フランクは、気候変動や地球の未来を考察した著作『地球外生命と人類の未来――人新生の宇宙生物学』（青土社）の冒頭でそう記した。いまの文明で目にするすべてのことは、何千回、何百万回、何兆回と繰りかえされてきたことだ。そんな風に「ひとつの惑星としてものを考える」[※8]ことをフランクは「人新世の宇宙生物学」と呼ぶ。[※9]

ニーチェの寓話のようだが、「無限」の意味を解説し、宇宙のなかでは、人類とその行ないは実にちっぽけで無意味であると述べているだけだ。フランクは気候学者ギャビン・シュミットとの共著論文のなかで、この地球でも工業文明が発達していた時代があったかもしれないと指摘する。[※10]ただあまりに昔のことで、痕跡が残っていないだけなのだと。この論文は考古学や地質学からわかることがいかに少ないかという思考実験であって、地球の歴史を論じているわけではない。仮に宇宙にこの文明に近いものが何兆も存在し、地球で塵芥《じんかい》となりはてた文明があったとしても、ひとつとしてその名残がないというのは微妙なところだ。

それでも胸が躍る話だ。フランクは私たちの「文明プロジェクト」がきわめて脆弱で、それを守るためには特別な手段が必要だということを示したかった。たしかにそのとおりだが、彼と同じ視点を持つことは容易ではない。地球上で塵芥となりはてた文明も含め、宇宙には何兆個もの文明が存在していたとしたら、そこから文明運営のどんな教訓を引きだせるにせよ、あまり良い話ではないだろう。なにしろ最後まで生きのびた文明の痕跡がひとつもないのだから。

「兆」という不確かな数字にしがみつくのも無理がある。ドレイクの方程式を「解こうとする」多くの研究もしかりだ。[※11]黒板で宇宙の本質を解きあかすというより、数字を使ったゲームに思える。気まぐれに近い仮説を自信満々に立て、予測がはずれても、そもそも仮説が誤っていたという考えにいたらず、何か重要な情報——これまでに滅びて消えたすべての文明とか——が抜けていたと思いこむ。短期的な激しい気候変動は、人類から謙虚さと尊大さの両方を引きだすが、ドレイク的な方法は正しく、かつうしろ向きの教訓を得ているように思える。思考実験の諸条件が宇宙の意味を規定するいっぽう、人類の力が例外的な運命を切りひらけることを想像できないのだ。

生態系が危機にあると運命論が幅をきかせるが、それでも人為的な気候変動による地球の変容によって、フェルミのパラドックスばかりが熱を帯び、その哲学版ともいうべき人間原理が見向きもされないというのは、人新世の奇妙なねじれだ。人間原理は、人間が引きおこす異常を説明すべき謎ではなく、壮大な自己愛的宇宙観の柱に据える。いちばん近いのが、物理学のひも理論が導く自己中心性だ。無限の宇宙に漂うガスから知的文明が誕生する可能性がいかに低くとも、宇宙で私たちがどれだけ孤独に思えても、私たちが築きあげて、いま生活しているような世界は、私たちがこうした疑問を投げかけている以上、論理的には不可避だ。この意識的な生活と互換性を持つ宇宙でしか、生活を同じように熟考できる存在は生まれない。

これは比喩がねじれたメビウスの輪だ。観察されたデータに厳密に基づく主張というより、巧妙な同語反復である。それでも、解決まであと数十年しか猶予がない気候変動の難問を考えるうえでは、フェルミやドレイクよりずっと役に立つはずだ。私たちの知っている唯一の文明は、まだ現役で、勢いがある——少なくともいまのところは。人類は例外的な存在であることを、なぜ疑う必要があるのか。なぜ滅亡が目前に迫っている前提を設ける必要があるのか。人類は特別だという認識から力を得てはいけないのか？

人類は責任を負わなくてはならない

宇宙のなかで地球は特別——そんな感覚があるからといって、問題にうまく対処できるわけではない。それでも地球に対して自分たちがやっていることに意識は向く。すべての文明は自滅に向かうという法則めいた話を持ちだすまでもなく、人類という集団が下してきた決断に注目すればよい。いま人類は集団として、地球を廃墟にする道を選択している。

私たちはこれから選択を撤回するのだろうか？「ひとつの惑星としてものを考える」というのは、現代ではあまりに浮世ばなれしていて、幼稚園児に言いきかせているのかと思うほどだ。だが気候問題に関しては、根本的な原理を出発点にすることが合理的だし、むしろそうしなければばならない。あれこれ試行錯誤している暇はないからだ。ただ、惑星自体は私たちがどれだけ毒をまき、汚染しても生きのこる。むしろ「運命を共有するひとつの人類としてものを考える」のほうが正しいかもしれない。

ひとつの人類として考えるのであれば、必要なのは責任を引きうけることだけ。適切な情報だけをコントロールしながら取りこめばよく、地球の運命を解釈し、指揮するのに神秘主義は必要ない。第二次世界大戦中にロスアラモス国立研究所所長だったロバート・オッペンハイマーは、「ガジェット」と名づけられた原子爆弾の初実験が成功してその閃光《せんこう》を見たとき、ヒンズー教の聖典『バガバッド・ギーター』の一節を思いだしたという――いまや私は死となり、世界の破壊者となった。[※12]ただしこれは後年のインタビューで語った話で、そのころオッペンハイマーは平和主義者として、原子力時代を迎えたアメリカの良心的な存在になっていた。弟のフランク・オッペンハイマーも同じ物理学者として実験に立ちあっていたが、兄は「成功だ」としか言わなかったと証言している。[※13]

行動を決めるのは自分自身

気候変動の脅威は、原子爆弾よりも全面的であり、徹底的だ。2018年、世界各国の42名の科学者が警告を発した。[※14]現状のままのシナリオでは、地球上の生態系はひとつの例外もなく劇的な変化を余儀なくされる。100年や200年といった長さではおさまらない、地球の歴史上最も激しい変容の時代が幕を開ける。すでにグレート・バリア・リーフは半分が死滅した。北極圏の永久凍土層は融けてメタンを放出し、もう二度と凍結することはないだろう。平均気温が４℃上昇すれば、穀物の収穫量は半減する。これが悲劇だと感じたならば、食いとめる手段を持っているのが自分たちであることを思いだしてほしい。税制を使って化石燃料を急いで廃止する。農業のやりかたを変え、牛肉や乳製品に偏った食生活から脱する。グリーンエネルギーと二酸化炭素回収への公共投資に力を入れるなど、やれることはたくさんある。

明白で実行可能な解決策があっても、問題が途方もなく大きいことに変わりはない。これから地球温暖化が進むにつれて、災害や社会不安、人道危機はますます増えるだろう。化石資本主義とそれを支える政治への怒りは燃えあがり、短慮で過剰な消費行動への非難も過熱していく。もちろん不屈の戦いを続ける活動家もいて、国を訴えたり、法律制定を働きかけたり、パイプラインの新設に反対したりするだろう。市民権を守りぬくための、非暴力の戦いだ。そうかと思えば出口のない絶望に沈む者、環境崩壊に対応する方法はひとつしかないと息巻く者もいる。

だが、ほんとうにひとつだけだろうか。気候変動が起きる以前から、環境保護に熱心な人びとは、その重要性をさまざまなたとえで表現してきた。イギリスの作家・未来学者ジェームズ・ラブロックは地球を進化する生物的存在ととらえるガイア理論を提唱した。[※15] アメリカの建築家バックミンスター・フラーの「宇宙船地球号」はすっかり有名になった。[※16] 詩人のアーチボルド・マクリーシュの「果てしないからっぽの夜」という言葉からは、太陽系を粛々と回る地球の姿が浮かびあがってくる。そこでは温暖化を食いとめ、逆転するための二酸化炭素回収プラントがフジツボのように貼りつき、呼吸できる空気を取りもどそうとせっせとがんばっているのだ。無人探査機ボイジャー1号が撮影した地球、別名「青白い小さな点」はあまりに小さく、頼りない。個人的には、気候変動で予測される暗澹とした未来図を見せられたほうがやる気をかきたてられる。それは団結して行動せよという号令だし、そうあるべきだと思う。この気候の万華鏡にはもうひとつ意味がある。地球という星はすべての人のふるさとであり、そこに選択の余地はない。しかし地球を何にたとえて、そこからどんな行動を起こすかはあなたしだいなのである。

謝辞

この本にいささかでも価値があるならば、それは地球温暖化を最初に理論化し、証拠を集め、私たちにどんな影響があるのかを掘りさげた科学者たちの業績によるところが大きい。19世紀のユーニス・フットとジョン・ティンダルに始まり、20世紀に入ってからはロジャー・レベルとチャールズ・デイビッド・キーリング。21世紀のいま、熱心に研究を続けている人びとは原注で紹介している。人類が気候変動の攻撃に耐えながらこれからも前進できるのは、ひとえに彼らのおかげだ。

個人的には多くの科学者、気候問題のライター、活動家にお世話になった。彼らは私のために時間を割いて、各自の研究や活動を解説するだけでなく、ほかの人の知見を紹介してくれたし、私の原稿にも目を通してくれた。彼らとは地球の現状について公開の場で討論することもあった。以下にその名をあげて感謝の意を表したい。

リチャード・アリー、デイビッド・アーチャー、クレイグ・ベイカー＝オースティン、デイビッド・バティスティ、ピーター・ブランネン、ウォレス・スミス・ブロッカー、マーシャル・バーク、イーサン・D・コフェル、アイグオ・ダイ、ピーター・グリック、ジェフ・グッデル、アル・ゴア、ジェームズ・ハンセン、キャサリン・ヘイホー、ジェフリー・ヒール、ソロモン・シャン、マシュー・フーバー、ナンシー・ノウルトン、ロバート・コップ、リー・カンプ、イラクリ・ローラツェ、チャールズ・マン、ジェフ・マン、マイケル・マン、ケイト・マーベル、ビル・マッキベン、マイケル・オッペンハイマー、ナオミ・オレスケス、アンドリュー・レブキン、ジョゼフ・ロム、リン・スカーレット、スティーブン・シャーウッド、ジョエル・ウェインライト、ピーター・D・ウォード、エリザベス・ウォルコビッチ。

２０１７年に初めて気候変動について記事を書いたときは、ジュリア・ミードとテッド・ハートの調査が助けになった。またジュヌビーブ・グンサー、エリク・ホルトハウス、ファルハド・マンジュー、スーザン・マシューズ、ジェイソン・マーク、ロビンソン・マイヤー、クリス・ムーニー、デイビッド・ロバーツは、その記事についてほかのメディアで反応してくれた。ウェブサイト「クライメット・フィードバック」では、科学者たちが私の記事を一行一行吟味し、批評を加えてくれた。今回本として出版するにあたり、さらに綿密に、鋭く読みこんでくれたチェルシー・ルーには感謝してもしきれない。

ティナ・ベネットの知恵と忍耐にあふれた指示がなければ、この本は実現しなかっただろう。ティナには生涯変わらぬ感謝を捧げる。この本を形にするうえで、厳しく誠実に仕事をしてくれた人びとをここに紹介する。ティム・ダガン、ウィリアム・ウォルフスラウ、モリー・スターン、ダイアナ・メッシーナ、ジュリア・ブラッドショー、クリスティン・ジョンソン、オーブリー・マーティンソン、ジュリー・セプラー、レイチェル・オルドリッチ、クレイグ・アダムズ、フィル・レオン、アンドレア・ラウ、スベトラーナ・カッツ、ローラ・ボナー、ヘレン・コンフォード、ローラ・スティックニー、イザベル・ブレイク、ホリー・ハンター、イングリッド・マッツ、ウィル・オマレーン。

セントラル・パーク・イーストと、二番目の母パム・クッシングがいなければ、この本を書くことにはならなかった。ニューヨーク・マガジンの仲間たちの励ましと支え、とくに上司のジャレド・ホールト、アダム・モス、パム・ワッサースタイン、それに担当編集者で友人で共犯者のデイビッド・ハスケルには大いに感謝したい。私がこの本で伝えたいことを明確にしてくれたほかの友人兼共犯者も、ここに名前をあげて謝意を表わしたい。アイザック・チョティナー、ケリー・ハウリー、フア・スー、クリスティアン・ローレンツェン、ノリーン・マローン、クリス・パリス＝ラム、ウィリアム・パスキン、マックス・リード、ケビン・ルーズ。さらに次の方々にも感謝する。ジェリー・サルツとウィル・リーチ、リーサ・ミラーとバネッサ・グリゴリアディスとマイク・マリノとアンディ・ロスとライアン・ランガー、ジェームズ・ダーントンとアンドリュー・スモールとスカーレット・キムとアン・ファビアン、ケイシー・シュウォーツとマリー・ブレナー、ニック・ジマーマンとダン・ウェバーとホイットニー・シュバートとジョーイ・フランク、ジャスティン・パットナーとダニエル・ブランド、ケイトリン・ローパー、アン・クラークとアレクシス・スワードロフ、ステラ・バグビー、メガン・オローク、ロバート・アサヒナ、フィリップ・ゴルビッチ、ローリン・スタイン、マイケル・グルンワルド。

昔もいまも、私の最善の読者は兄弟のベンだ。彼は私がどこに向かうべきか知っていて、私はその足跡をいつも追う。ハリーとローザン、ジェンとマットとヘザーからも刺激を受けた。そして父と母。完成した本を読めるのは片方だけになってしまったが、ほかのことも含めて二人にはとてもお世話になった。

最後に最大級の感謝を、愛するリサとロッカに贈りたい。これから20年たっても、50年たっても、最後の1年になってもこの気持ちは変わらない。願わくばそのあいだ気温が上昇しませんように。

著者あとがき　残された時間で何をするべきか

この本を書きおえた2018年9月、私はまだ楽観的な未来を心のどこかで信じていた。それまでの2年間、気候科学に関する調査や取材をひたすら重ねてきて、私は目を開かれる思いだった。科学者たちは克明に未来像を描きだしており、世界の現状はもちろん、数十年後の予測についても認識をあらためざるを得なかった。

こうして得た新しい知識は、政治や市場、歴史、進歩についての私の直感的な理解を激しく揺さぶった。そして原稿を完成させるころには、気候危機が解決しうるというお気楽な予測が、容赦ない現実の前ではあっけなく打ちくだかれることもわかってきた。それでも私は、地球とそこに生きる者たちの運命に夢を託した。変わりゆく気候を事実と受けとめれば、わりあい住みやすく、そこそこ満たされ、多少は繁栄した未来が確保できるのではないか。すでに地球は気候変動にむしばまれており、資源不足への危機感で、ひと握りの特権階級がぬくぬくと快適に暮らしているという嫉妬や弁明があっさり正当化される醜い状況にある。それでも少しだけ幸福な未来は実現する。それを阻むのは、ほかならぬ私たち自身だ。自らこしらえた障害があちこちに転がっているが、つまずきながらもそれを乗りこえて前進しなくてはならない。問題は、二酸化炭素や有害な微粒子が徐々に部屋を満たし、可能性が狭まっていく状況で、どれだけ真剣にとりくめるかだ。私たちはその部屋を出て生きてはいけない。

自分が書いたものが、ずっと意味を持ちつづけてほしい。それは著者のむなしい夢だ。とりわけこの本のように、地球上のすべての人に訴えかけ、全方位的な変化を求める内容となると、この本を書いた2018年と、ペーパーバック版が刊行された2019年では、すでに世界の状況は同じではない。この1年間、科学はたゆまず歩みを続けてきたが、行進をうながす太鼓の響きは陰鬱だ。氷河や永久凍土の融解は加速し、熱波の記録も、山火事の記録も更新された。100万種の動植物が絶滅の瀬戸際にあることもはっきりした。最新の予測モデルでは、今世紀にはかつて考えられていた以上に温暖化が進行するという。22世紀を迎えるころには、地球の上空から雲が消滅して気温上昇がさらに8℃上積みされる可能性も出てきた。5℃の上昇でも文明が崩壊するかもしれないのに、13℃だといったいどうなるのか。

だがこの1年間の最大のニュースは、科学ではなく政治のほうから届いた。何十年も前から気候変動に注目してきた研究者や活動家は、深刻な状況が人類の可能性を狭めていくのを苦々しい思いで見てきた。二酸化炭素の排出量が年々記録を塗りかえていくというのに、国や社会はいっこうに重い腰をあげようとしないからだ。しかしそんな彼らがついに快哉《かいさい》を叫び、未来に希望が持てるようになったと喜ぶできごとがあった。

2018年秋、国連の気候変動に関する政府間パネル（IPCC）が特別報告書「1・5℃の地球温暖化」を発表した。報告書は、このまま無策を続けた場合の今後数十年間の温暖化予測が身も蓋もない表現で記され、それを防ぐためには第二次世界大戦と同じ規模の動員をかけ、足なみをそろえた行動が必要だと訴える。それも数か月以内に。国際機関による報告書としては異例の強烈な警告だ。同じころ、スウェーデンのグレタ・トゥーンベリという少女の存在はまったく知られていなかった。彼女は自国が気候変動に対して手をこまねいていることに抗議して、毎週金曜日に学校ストライキを静かに始めていた。数か月もしないうちに、グレタは気候変動問題のジャンヌ・ダルクとなる。彼女は国連や世界経済フォーラムで演説を行ない、ヨーロッパをはじめ全世界で数百万人が彼女の活動に共鳴した。同じ2018年の秋、イギリスのエクスティンクション・レベリオンという団体が、ロンドン中心部の5つの橋を占拠した。彼らの要求の筆頭は「真実を語れ」というものだった。アメリカでも似たような動きが見られた。環境保護団体サンライズ・ムーブメントが、下院議員に当選したばかりのアレクサンドリア・オカシオ＝コルテスとともに次期下院議長ナンシー・ペロシの執務室に押しかけ、気候変動対策で雇用創出をめざす「グリーン・ニューディール」を政策議論の柱とすることに成功している――温室効果ガスの排出権取引さえ急進的と批判されたオバマ政権時代からくらべると、大躍進と言えるだろう。2020年の大統領選挙に向けた民主党予備選では、ワシントン州知事ジェイ・インスレーは気候問題を前面に掲げて出馬を表明。打倒トランプをめざすほかの候補者も気候変動を「存在の危機」と呼び、本気度を競うかのように大胆な政策を打ちだしている。

エネルギーと気候をめぐる複雑な状況を単純化して、ひと握りの回答候補を提示するだけの世論調査では、こうした政策論議の急速な高まりを的確に反映させるのは難しい。だがそれでも、おやと思わせる調査結果が見られるようになった。アメリカでは、気候変動は実際に起きていると思う人、気候変動を不安に思う人、危機感を覚えている人は以前より増加した。地球温暖化は科学者たちがこしらえた話という情報操作の努力もむなしく、温暖化に不安を感じるアメリカ人は大幅に増加した。憂慮する人の数がわずか1年で10倍に増えた調査もある。

もちろん世論が直接世界を動かすわけではないし、その影響力は浸透するのに時間がかかる。環境保護活動家のあいだでも、世論のこうした傾向が、原子力発電所の建設や社会正義的な側面とからめた真剣な議論に発展するのか疑問がある。ハリケーン・カトリーナや〈不都合な真実〉のときのように、小さな盛りあがりで終わることを心配しているのだ。たしかに、近年の大規模な抗議運動を振りかえれば無理はない。1999年の世界貿易機関（WTO）閣僚会議の抗議デモ、2007年の反イラク戦争デモ、2011年9月の「ウォール街を占拠せよ」は、いずれも直後から大失敗という評価だった。風船はしぼんで地面に転がり、抗議活動の限界と権力の壁の高さを痛感させられた。ただそれから年月を経て、私たちのなかにまぎれもない政治意識が根づいている。それも個々の運動や主張に反射的に飛びつくのではなく、そこから醸成されてきた政治意識だ。グローバリゼーションに疑いの目を向け、超大国による無茶な軍事行動に戦慄し、所得格差とそこから生まれる生活や文化の不平等に怒りを覚える。

２０１８年に起きた気候問題の抗議活動は、すでに過去の運動とその成果を内包して、大衆の気分を短期間で変えた。２０１９年はじめ、グレタ・トゥーンベリは欧州委員会のユンケル委員長から、ＥＵ総支出の４分の１を気候変動への適応や緩和に向ける約束をとりつけた。彼女はまだ16歳だ。夏にはエクスティンクション・レベリオンもひと役買った働きかけが奏功し、イギリス議会はブレグジット問題で大揺れのなか、気候非常事態を宣言した。テリーザ・メイ首相は退任の置きみやげに、２０５０年までに二酸化炭素排出量を実質ゼロにすると約束している。

これらの約束はかつてないほど真剣なもので、同時に野心的でもあり、夢物語と言ってもいいくらいだ。それがほんの数か月前に次々と出てきた。だが国連の慎重な言い分を採用するならば、それではもう気候崩壊は避けられない。地球環境問題の世界的リーダーになろうと、とつぜんドイツと競いはじめたイギリスの場合、歴史とともに積みあがった排出の罪はいささかも揺るがない。そんなイギリスさえ遠く引きはなしているのがアメリカだ。こちらの歴史的な排出量を見れば、イギリスはすっかりかすむ。懐疑主義者が、世界的に広がる抗議活動の効果を否定するのは自由だが、ならば楽観主義者がまったく逆の可能性を想像するのも自由だろう――ついにすべてが正しい方向に動きはじめた。ただし残り時間があまりにも少ない。

歴史は直線で進行しない。いま世界の表舞台には、グレタ・トゥーンベリもいれば、ジャイール・ボルソナーロもいる。ブラジル大統領のボルソナーロは、アマゾン川流域の大規模開発を推進し、地球最大の二酸化炭素吸収源を破壊しようとしている。アメリカではニューヨーク市長のマイケル・ブルームバーグが、石炭火力発電の全廃に私費5億ドルを投じると発表した。しかし中国では、2019年前半に再生可能エネルギー投資が破綻した。世界のあちこちで同様のことが起きている。アメリカの石油会社は炭素税導入を政府に働きかけ、そのかわりに気候変動の責任を問われる今後の訴訟を凍結してもらおうとしている。そうかと思えば、気温上昇が有権者の最大の関心事になっているにもかかわらず、大統領選の民主党候補者たちは6月、気候問題を論じてはならぬと党からお達しを受けた。同じ6月、カナダが気候非常事態宣言を出した翌日に、石油パイプラインの新設を承認している。サウジアラビアの次期国王ムハンマド・ビン・サルマン王太子は、ジャーナリストのジャマル・カショギ殺害事件の余波のなか、自国経済は化石燃料頼みから脱却する必要があると考えたが、数か月もたたないうちに、国有石油会社サウジアラムコの上場の可能性をふたたび模索しはじめ、2020年のG20の議長国も勝ちとった。またリバタリアンのシンクタンク、コンペティティブ・エンタープライズ研究所が行なった気候変動懐疑論の研究が、「グーグルやアマゾンなど、気候問題へのとりくみをPR戦略の柱としてきた大企業」の支援を得ていたことをニューヨーク・タイムズ紙がすっぱぬいた。

これとは別の形になるが、私も気候問題の偽善をとりあげている。変革を訴えながらも飛行機に乗り、ハンバーガーを食べる人びとだ。生活を変えるささやかな対策は、志を同じくする共同体が束になって努力しても、成果はたかが知れている。それよりもっと効率的な方法を政治が見つけてくれると思っているのだろう。しかし最近では、企業や国家、政治指導者など大きな権限を持つ当事者からも、偽善の気配が漂いはじめている。気候問題への言及が、無策や無責任を隠すアリバイや偽装に使われる。

権限が小さい者はそのことに慣れ、権限を持たない者は持つ者にすり寄らなくてはならない。それが「常態化」という無難な言葉の正体だ。気候変動のせいで、この数十年間のＧＤＰ成長率を4分の1失った国々では、何十億もの人が最貧の暮らしにいやおうなく追いこまれている。だが常態化は、裕福な世界の人びとにも影を落とす。数十年前とちがって、自然の脅威から身を守るすべは何もない。２０１９年春にカリフォルニアを旅した私は、そんな思いを強くしながらこれからの山火事について考えた。

２０１９年3月、ロサンゼルスは31日間雨続きだった。旱魃に苦しむ州にはめずらしい大雨だが、研究者や消防関係者、地元政治家から話を聞くと、恵みの雨とも言えないようだ。カリフォルニア州の森林は、旱魃と高温で火災が起きやすくなっている。気候変動が進行すれば、山火事のシーズンはますます長くなるだろう。２０１０〜２０１６年の旱魃では、1億４７００万本の木が枯れた。州森林保護防火局によると、枯死した木は現在では3億５７００万本に増えている。そこに雨が降れば草が勢いよく伸びるため、ロサンゼルス大都市圏は草地が増加すると思われる。

山火事の脅威のすぐあとに歴史的な長雨が続くとは極端な天候だが、そうやってすべてを極端にしていくのが気候変動だ。その意味でロサンゼルスは時代を先どりしており、未来の世界を垣間見ることができる。

私がロサンゼルスで見たのは、温暖化がもたらす別の種類の未来——常態化のケーススタディだった。今日をくぐり抜けた先にどんな明日が訪れようと、衝撃を受けたり、パニックに陥ったりしないよう予測を設定しなおす。カリフォルニア州の山火事の歴史は長い。つまり常態化を幾度も経験してきたことになる。それでも話を聞いた人びとは口をそろえて、直近の2シーズンは例外で、まるでホラー映画だったと語った。マリブに長く家を構え、これまで9度も山火事を経験してきた女性は、ここにきて転居を考えているが、理由は山火事とは関係ないという。あるサーファーは、昨冬は海が焼けこげたような臭いで、海水も灰の味がずっと続いたが、それでもサーフィンをやめなかった。自治体の避難命令に従わなかった人たちは、午前2時にサイレンを鳴らされるかもしれないが、やっぱり避難はしないと話す。

これら住民の個人的な話はともかく、乾ききったサンタ・アナの風があおる山火事を消防が鎮火できたことは一度もない。こちらも常態化に向けて舵《かじ》を切らざるを得なくなっている。ロサンゼルスのエリック・ガルセッティ市長は48歳。生まれも育ちもロサンゼルスだ。彼が生まれた年、山火事で州内の250平方キロメートル近くの森林が焼けた。彼が市長に初当選した2013年、焼失した森林は2400平方キロメートル以上になった。2017年、80パーセント以上の圧倒的得票で再選を果たした年は、４８００平方キロメートル以上の森が燃えた。大統領選出馬を一時期検討した２０１８年は、約７７００平方キロメートルにまで増えていた。カリフォルニア州の山火事で灰になった面積は、すでに１９７０年代の5倍に達している。２０５０年には、アメリカ西部全域で毎年発生する森林火災の件数は、少なく見積もっても2倍、ひょっとすると4倍になると予測される。いまからたった30年後の話だ。山火事がこれほど頻発しているのに、銀行は住宅ローンの期間を30年に延長している。さらにその先となると、見とおしはさらに不透明だ。研究者によって予測の立てかたはまちまちだが、最悪の場合、ロサンゼルス大都市圏は２０５０年までに完全に灰になるかもしれない。そうなるともう過去の経験は役に立たない。「いくらヘリコプターや消防車を買っても、いくら消防士を増やしても追いつきません。延焼を食いとめるために切りはらう藪《やぶ》もないのです」。ガルセッティは私に言った。「これが終わるのは人類が滅亡したずっとあと、地球の緊張がほどけて予測可能な気候に戻ったときでしょう」

それまでに思いきった行動をとり、複雑にからみあった仕組みをつくりなおして二酸化炭素から離れなければ、旱魃や洪水、ハリケーンと熱波、飢饉と戦争だらけの世界しか思いだせないことになる。しかもその先の未来が、今日からは想像もできない悲惨で忌まわしいものだと考えると、人びとはパニックに陥るだろう。ただそのあいだも、まるで危機など存在しないかのように私たちの日常は流れていく。気候変動が牙をむいてしのびよる世界で、燃えつきた政治と灰になった未来への感覚を嘆きながらも、ときおり進歩はするだろう。そしてよくやったと自分たちをほめるが、それしきの進歩ではもう足りないし、時間もまにあわない。

「私たち」とは誰のこと？　それはこの本が最初に出版され、気候問題が正義か否かで論議されるようになってから、ずっと私が抱いてきた疑問だ。気まぐれに気候変動を語る人間は危機を単純化してとらえ、おしなべて同程度の影響があると考える。だから温暖化を打ちまかすか、温暖化にやられるのを座して待つかの二者択一なのだ。けれども、いま考えられる結果はもっとあいまいだ。決定打となる政策、政治改革、排外主義、企業の起死回生策のどれかひとつが奏功するというより、それらが無秩序に合わさって、さらなる状況が引きおこされる。気候変動の悪影響の程度さえ知りえない現在、どうやって未来を見積もればよいのか。その未来はあなたを恐怖のどん底に突きおとすのか、やる気をかきたてるのか、怒りに火をつけるのか。いずれにしても「私たち」「彼ら」とは誰のことか、そこで浮かびあがってくるにちがいない。

気候変動の問題はあまりに巨大で、出てくる答えも数が多すぎる。そのすべてを心にとどめることはできない。温暖化が下す罰はすでにばらつきが出ていて、それは今後もっと広がるだろう——世界のなかだけでなく、ひとつの国、ひとつの共同体のなかでも差が出る。そのなかで、有意義な変化を起こす力があるのは、いま温暖化から最も守られていて、活動しないことで恩恵を得ている者たちだ。だが気候変動は地球上の全員が出演する壮大な物語であり、このまま話が進めば出演者の暮らしは例外なく脅かされる。それを解決する方策は、厳密に正確でなくても、適切で、表現力があって、意欲をかきたてる世界共通語のような役割を果たし、そこそこ暮らしやすく、充実も繁栄もして、ぎりぎりより少し良い未来への希望をつないでくれる。頭がおかしい、おめでたいと言われようと、「私たち」にはそれができるはずだ。

解説

国立環境研究所地球環境研究センター副センター長
江守正多

本書『地球に住めなくなる日（原題：The Uninhabitable Earth: Life After Warming）』は、気候変動（地球温暖化）によっていま世界に何が起きているのか、それによって我々の生活は、そして現代文明はどう変わるのかを、膨大な調査を基に解説した本です。いわば、「気候変動によるリアルな未来図を提示した警告の書」とも言えるでしょう。原書は２０１９年２月に刊行されましたが、刊行後の１年間に気候変動に関してさまざまな出来事がありました。

まず、世の中の認識に大きな影響をもたらしたのは、２０１９年９月23日の国連気候行動サミットの演説によって、スウェーデンの16歳（当時）の環境活動家グレタ・トゥーンベリさんが世界の注目を集めたことでしょう。本書の「著者あとがき」にもふれられているように、それ以前も一部には知られていましたが、２０１８年の夏にグレタさんがひとりきりで始めた「気候のための学校ストライキ」が世界中に広がり、２０１９年３月には１５０万人以上の学生が参加し、９月の「グローバル気候マーチ」は大人も含めて世界で７００万人以上が参加したとされます。日本でも各地で計５０００人ほどが参加し、メディアでも取りあげられたので、記憶にあるかたも多いでしょう。こうして、若者が抗議をしていることが、世界のそれまで関心がなかった人も含めて知るところとなり、それがいま気候変動を取りまく議論を新たな段階に押し上げたようにみえます。

日本でも、異常気象をめぐる話題が２０１８年以降かなり目立つようになりました。２０１８年7月の西日本を中心とした豪雨、それに続く災害級と言われた猛暑、そして台風21号で関西空港が高潮で浸水したというニュースは、非常に多くのメディアで報じられました。しかし多くの場合は、防災の強化という、気候変動対策でいうところの「適応」に限られた議論までしか広がらなかった印象がありました。それに対して、２０１９年には台風15号と19号が千葉県内に大規模停電をはじめとする損害をあたえ、19号は東日本各地に浸水をもたらして大きな被害がありました。15号と19号のあいだにグレタさんの気候行動サミットが報道され、さらに就任直後の小泉環境大臣の発言が注目を浴びたこともあり、19号に関する報道では気候変動についての言及が増えました。その結果、パリ協定や、日本の石炭火力への批判などが、防災の文脈を超えて、日本の異常気象による災害と関連して理解されるようになってきたのが大きな変化だったと思います。

日本政府のひとつの大きな動きは、２０１９年6月、大阪で行われたG20に先立って、「パリ協定に基づく成長戦略としての長期戦略」を閣議決定したことです。それにおいて、日本は２０５０年までに日本の温室効果ガスの排出を80パーセント削減し、そして今世紀後半のできるだけ早い時期に脱炭素社会の実現を目指すというビジョンを掲げました。さらに、それを実現するためにビジネス主導の非連続なイノベーションを通じた環境と成長の好循環を目指すと宣言しています。目標が不十分であるという声や、夢のような技術に頼りすぎているのではないかという心配はありますが、これが政府方針として提示されたことは日本の気候変動対策において前進だったと思います。

一方、それが政策として具現化するためには、エネルギー基本計画や温暖化対策計画の改定といった行政的な議論を経る必要があるので、現状ではまだ戦略の段階にとどまっていると言えます。また現行のエネルギー基本計画において、再生可能エネルギーの導入目標が低いことや石炭火力発電所の新設が次々と認められていることなどへの批判もあります。日本はエネルギーの安定供給上、ある程度、石炭に頼ってきた歴史があり、急には変えられないのはもっともです。しかし、石炭火力を新設すれば経済的に元をとるために30年から40年の稼働が前提となり、その間ずっとガス火力の2倍の二酸化炭素を吐き出しつづけることになります。長期的にほんとうに排出削減をする気があるのかどうか、日本政府の本気度を疑われているのが現状です。

早くて2030年に1・5℃上昇

２０１５年、気候変動問題をめぐる国連の交渉会議ＣＯＰ21において採択されたパリ協定は、平均気温の上昇を、産業革命前を基準に２℃より十分低く抑え、さらに１・５℃目標を追求するとしました。その後、2018年10月に発表されたIPCC（国連の気候変動に関する政府間パネル）特別報告書「1.5℃の地球温暖化」では、平均気温の上昇を1.5℃に抑制するのは不可能ではないものの、CO_2排出量が2030年までにいまの半分に削減され、2050年頃には正味ゼロに達する必要があること、社会のあらゆる側面における大転換が急務であることなどが明らかになりました。

1.5℃の上昇は、現状の排出ペースであれば2040年前後、早ければ2030年には到達してしまうとされています。将来の気温上昇の予測には科学的な不確かさがあり、現時点の科学ではかなりの幅を持ってしか予測ができません。そのため、「中央の予測より、実際に起こることは低いかもしれないじゃないか」と主張する人たちもいます。一方で、中央の予測よりも、実際には高く上がるおそれも当然あり、低い可能性を当てにして十分な対策をとらなくてもいいという考えに納得する人は少ないでしょう。

もうひとつ注意が必要な点は、世界平均気温の上昇という場合は、国や地域に関係なく、海も陸も全部を含めて地球表面全体で平均していることです。陸のほうが海より温度が上がりやすいので、世界平均で1.5℃の上昇なら陸上はより上昇し、かつ北半球の陸上の高緯度域は、北極圏で氷や雪が減少することなどにより温度上昇が増幅される効果を受けます。さらに内陸に近いほうが温度上昇が大きい傾向があります。このような違いから、世界平均で1.5℃でも、多くの地域では2℃や2.5℃の見込みとなります。日本は海に囲まれているので、陸上の中では、比較的、温度上昇は穏やかでしょう。ただし、都市においては、さらにヒートアイランド現象が重なります。たとえば、東京都心ではヒートアイランドだけでも、すでに2℃くらい温度が上昇しています。2010年や2018年の猛暑で日本も年間1500人を超える熱中症の死者がすでに出ていますが、温暖化が進めば2050年ごろの日本では年間5000人を超える熱関連死亡が起きうると予測されています。

海面水位1メートル上昇で東京・大阪も浸水

本書にも、平均気温が0・5℃上昇することで気候変動に関連する死者数が急増するなど、0・5℃の影響の大きさについて書かれています。0・5℃しか平均が変わらないならば、それほど影響に違いはないのではないかという予想もありました。しかし、前述したIPCCの「1・5℃の地球温暖化」特別報告書のなかで、膨大な数の論文を評価した結果、1・5℃と2℃では相当、影響に違いがあるということが報告されました。それがいまの主流の認識になっています。たとえば、1・5℃に抑えることで、2℃と比べて、深刻な影響を受ける人口を数億人減らすことができます。

ドイツの環境NGOが、「日本は2018年に異常気象の深刻な被害を世界一受けた」との調査を発表しました。人口当たりの被害者数やGDP当たりの被害額といった指標で見て、日本が一番だったとの報告でした。西日本豪雨、猛暑、台風による災害の影響が大きかったからでしょう。

本書中に、平均気温が４℃上昇した場合、上海、香港、マカオなど１００都市以上が浸水するとあります。４℃上昇すると約１メートル、世界平均の海面水位が上昇すると予測されます。１メートルの海面上昇があると、護岸の状況にもよりますが、日本でも、東京や大阪などの大都市をはじめ、沿岸部の多くの都市が高潮などの水害に見舞われます。特に低い平地で人口と資産が集中している地域が問題になるでしょう。

個人と人類の両方の視点から掘りさげた本書

本書は、気候変動により自分自身に何が起こるかという生活の視点と同時に、人類の文明にとってどういう問題なのかという大きな視点の両方を用いた書き方が特徴的です。「温暖化の話をされても、自分の生活がどうなるのかわからないと興味を持てない」とよく言われますが、その視点だけからの情報を並べると、今度は自分の生活だけに気をつけてほかのことは関心を持たなくなるおそれがあります。この本では個人の生活と人類全体という対極的なふたつのスケールの両方を行き来しながら、気候変動の影響を論じているところが、非常に優れていると感じます。

気候変動に関する本の多くは、対策ありきの結論でそれに導くように書かれているか、あるいは、「気候変動の影響は脅威ではない」「対策をしても温暖化が止まるかわからない」といった懐疑的な調子で書かれているか、どちらかです。けれども、本書の著者デイビッド・ウォレス・ウェルズは、冒頭で「自分は環境保護論者ではない」と断わり、「気候変動について調べてみたら、こんなことになってたんだけど、みんな、どうする?」といった調子で、非常にフラットなジャーナリズムの視点から書かれていることが、多くの読者を獲得した理由と思われます。

第3部「気候変動の見えない脅威」では、「これだけ大変な問題だと多くの人はわかっていながら、なぜ本格的に取り組まないのか」ということに関して、政治、経済、技術等に各一章を割き、多角的に語られます。たとえば第20章「テクノロジーは解決策となるのか?」では、「技術で解決しようという考え方があるが、その考え方にはこんな落とし穴があり、どうやら技術に頼りきるのは難しそうだ」という感じに述べられ、それぞれの観点を独自の手法で掘りさげていきます。それにより、読者がいままでひとつの結論に飛びついていたとしたら、その考えは相対化されていくでしょう。社会は複雑で非常に不確実だけれど、不確実な中で、この問題にどう向き合っていくべきか、という調子で終始語られていくのは気候問題の本質をついており、巧みな書き方だと思います。

行動にレバレッジを効かす

本書を読み終えて、気候の危機に向き合うことを説得された読者は、おそらく次のように問うでしょう。「では、いままさに私たちに何ができるのか」。本書にその明確な答えは書かれていませんが、本書を踏まえたうえで、私なりの考えを述べておきます。

グレタさんが飛行機に乗らない理由を考えてみるといいでしょう。誰もが飛行機に乗るべきでないと主張しているのでしょうか。それとも、飛行機から出るCO_2を自分一人分減らしたいのでしょうか。どちらも違うと思います。彼女は社会に対してメッセージを発しているのです。飛行機に乗らないという極端な行動をとることによって、飛行機は飛ぶときに多くのCO_2を排出し、それによって特に将来世代や発展途上国の人々を苦しめることにつながるという事実に人々が目を向けることを促しているのです。さらに、欧米の富裕層が大した用もないのに飛行機で移動していることや、それを可能にしている現在の経済システムそのものの異常さといった問題に注意を喚起するために、グレタさんは飛行機に乗らないのだと思います。

あなたも、たとえば、コンビニでレジ袋を断わることができます。これはレジ袋1枚分のCO_2を削減したいからだとすればとても効率が悪いことです。しかし、これを「私はプラスチックを大量消費する社会システムが好きではありません」と伝えるメッセージのひとつだと思うと、そのような人が多くなればコンビニ側の意識や取り組みも変わるかもしれません。そのように何かを動かすためのメッセージを発すると考えれば、自分の行動にレバレッジが効くような感覚がします。つまり、自分の行動は自分の生活から出るCO_2を減らすだけではなくて、システムの変化を促すことを通じて、もっとたくさんのCO_2の削減につながっていると考えることができるのです。

本書が読者にとって、気候変動の実情と見通しをリアルに実感し、ご自身なりの社会へのメッセージを考え、発信するきっかけになればと思います。

著者

デイビッド・ウォレス・ウェルズ（David Wallace-Wells）

アメリカのシンクタンク〈新米国研究機構〉ナショナル・フェロー。ニューヨーク・マガジン副編集長。パリス・レヴュー元副編集長。2017年7月、気候変動の最悪の予測を明らかにした特集記事 *The Uninhabitable Earth* をニューヨーク・マガジンに発表、同誌史上最高の閲覧数を獲得した。2019年、記事と同タイトルの書籍（本書）を上梓。ニューヨーク・タイムズ、サンデー・タイムズ両紙のベストセラーリストにランクインするなど世界で大反響を呼んだ。「ニューヨーク・タイムズ紙、2019年ベストブック100」選出。ニューヨーク在住。

訳者

藤井留美（ふじい・るみ）

翻訳家。上智大学外国語学部卒。訳書に『外来種は本当に悪者か？——新しい野生』フレッド・ピアス（草思社）、『逆転！ 強敵や逆境に勝てる秘密』マルコム・グラッドウェル（講談社）、『100歳の美しい脳 普及版——アルツハイマー病解明に手をさしのべた修道女たち』デヴィッド・スノウドン（ディーエイチシー）など多数。

解説者

江守正多（えもり・せいた）

国立環境研究所地球環境研究センター副センター長。東京大学大学院総合文化研究科博士課程にて博士号（学術）を取得後、国立環境研究所に勤務。2018年より現職。専門は地球温暖化の将来予測とリスク論。IPCC第5次および第6次評価報告書主執筆者。2012年、日本気象学会堀内賞受賞。著書に『異常気象と人類の選択』（KADOKAWA）、編著に『地球温暖化はどれくらい「怖い」か』（技術評論社）など。

用語監修＝江守正多　校正＝河本之里香　組版＝アーティザンカンパニー

地球に住めなくなる日

「気候崩壊」の避けられない真実

２０２０年３月15日　第１刷発行

著者　デイビッド・ウォレス・ウェルズ
訳者　藤井留美
発行者　森永公紀
発行所　ＮＨＫ出版
〒１５０-８０８１　東京都渋谷区宇田川町41-1
電話　０５７０-００２-２４５（編集）　０５７０-０００-３２１（注文）
ホームページ　http://www.nhk-book.co.jp
振替　００１１０-１-４９７０１
印刷　亨有堂印刷所／大熊整美堂
製本　ブックアート

Printed in Japan　ISBN978-4-14-081813-8 C0098